WS
ウェッジ
選書

ヒトはなぜ病気になるのか

長谷川眞理子

ウェッジ

はしがき

病気にかかると、お医者さんに行って治してもらいます。治ると、「元気になった」といいます。元気である状態を「健康」といいます。また、「正常と異常」という区別の仕方もあります。「病気」は「異常」な状態で、「健康」は「正常」な状態に対応しているのでしょう。病気ではなくても、奇形や先天性の欠損など、ヒトの集団として通常みられるのではない状態にあることを「異常」と言います。

これは、医学という、ヒトの病気を治して健康な状態にとどまらせることを目的とする技術の業界では、ごく普通に使われている言葉です。「病気」とは、しかし、どういう状態をさすのでしょう?

「病気と健康」、「正常と異常」という言葉は、明らかに価値観を伴っています。「赤い、青い」や、「堅い、柔らかい」などと同様の、価値中立的な言葉ではありません。病気や異常は「悪い」ことで、健康で正常であるのが「良い」ことなのです。

それはなぜかと言えば、当然ながら私たちは、健康であるときこそが気持ちよく、病気になると気持ちがよくないからです。赤いコップと青いコップを見ても、好みは別としてとくに何という強い感情もわきませんが、健康は明らかに快であり、病気は明らかに不快です。これは万人に共通の感情であり、誰もが健康でありたいと願っています。そう考えると、病気は、あってはならない状態、何がなんでも治したいもの、即刻おさらばしたいものということになるでしょう。

医学は、そういう私たちの感情と価値観とに忠実に、あってはならない状態の「病気」というものを根絶しようと努力してきました。そうして、確かにかなりの成果を上げてきました。とくに、二〇世紀半ばの抗生物質の発見以来、感染症の克服には目を見張るものがあります。それでも、感染症はなくなりません。天然痘は根絶できたかもしれませんが、私たちは相変わらず、毎冬、風邪に悩まされます。ガン、各種の生活習慣病、エイズ、そして精神疾患などなど、健康を脅かす悩みの種は、いまだに尽きることがありません。そもそも、なぜ病気というものがあるのでしょうか？

医学は、人間の生活に病気があることは当然の現実と受け止め、それを根絶することに精魂傾けてきました。でも、なぜ病気というものが存在するのか、という根源的問いは、伝統的な医学の範疇にはありませんでした。これは、生物学との大きな違いです。

生物学は、生命現象を解明しようとする自然科学です。純粋な理学としての生物学は、とくに応用を目指すものではありませんから、自然の状態に価値観を持ち込むことはしません。したがって、生物学から見れば、健康も病気もそれぞれ一つの状態であり、どちらがいいも悪いもありません。また、正常と異常のように分けようとしても、生物の性質は、何をとっても個体差があって、決して二つと同じ個体はありません。そのような変異の幅、ばらつきの存在そのものが、生物学の研究対象です。そうすると、なぜ病気が存在するのかという疑問は、生物学では当然の疑問となります。

私は、学生時代に東京大学理学部生物学科に進学し、学部の三、四年生では人類学を専攻しました。つまり、私は理学部出身の自然科学者です。当時の人類学教室では、医学部と一緒に基礎医学を習うのが必修でしたので、医学部に出かけていって、解剖学、生理学、発生学などを勉強しました。そのときの教科書の一つ、『人体発生学―その正常と異常』というタイトルを今でも鮮明に覚えています（教科書も、まだ持っています）。医学では当たり前なのでしょうが、生物学出身の私には、「正常と異常」という、この、あまりにもあからさまな二項対立のレッテルづけには、たいへんな違和感がありました。

本書では、従来の医学の目ではなくて、客観的な生物学の目で、病気と健康を考えてみようと思います。それは、生物学の中でも、生物の進化を考える、進化生物学の目による見方です。

目次

はしがき ― 1

第1章◆病気はなぜあるのか？

生物の進化の歴史 ― 13
進化とは何か ― 18
大進化と小進化 ― 20
適応とは何か ― 22
適応を生み出す自然淘汰 ― 24
遺伝子と環境の影響 ― 28
生き物をめぐる四つの「なぜ」 ― 32
「病気」の種類 ― 37

第2章◆直立二足歩行と進化の舞台

地上から樹上、再び地上へ　43
腕の可動性　50
森林の中で立ち上がった人類　52
サバンナへ　56
サバンナでの生活　57
サバンナは暑くて水が少ない　60
汗をかく　62
直立二足歩行のための構造変化　64
椎間板ヘルニア　66
五十肩　71
鼠径ヘルニア　76
ペニスと精巣をつなぐ奇妙な配管　78
精巣が下がる経路　80

第3章◆生活習慣病

狩猟採集生活 86
運動 88
栄養 92
農耕の始まりから現代社会へ 94
三つの基本栄養素 97
長期的モニターの欠如 98
最近の食料事情と運動事情 102
「節約遺伝子」 104
人類の進化史における飢饉の頻度 107

第4章◆感染症との絶えざる闘い

寄生者と宿主の関係 112
人類の歴史と病原体の進化 115
はしか 120
おたふくかぜ 124
インフルエンザ 125
寄生者と宿主の進化的軍拡競争 129
寄生者の寄生戦略とからだの防御反応 131
病原体の寄生戦略 133
病原体と宿主の共進化 136
突発出現ウィルスの進化 140
薬の功罪 143

第5章◆妊娠、出産、成長、老化

妊娠の成立と維持をめぐる攻防 148
母親と胎児の「蛇口の開け閉め戦争」 152
出産 155
出産に適した環境 162
脳の大型化と難産 166
「子ども」の誕生 172
閉経と「おばあさん」の不思議 180
ヒトの共同繁殖と「おばあさん仮説」 186
ヒトにおける相互扶助 190

あとがき 197

ヒトはなぜ病気になるのか

第1章◆病気はなぜあるのか？

生物の進化の歴史

医学はたいへん古い学問で、病気を治す、人を生存させる、という目的を持った応用科学です。その手段を探るため、医学は、からだの仕組み、さまざまなからだの機構が働くメカニズム、細胞の働きを、自然科学的に研究してきました。現在、生命科学とよばれている分野の多くは、医学への応用をめざして生命現象を解明しようとしています。そこでは、人体は各部分に分けられ、それぞれを支えている仕組みが細かく探求されています。

それは、あたかも人体を精巧にできた機械と見なしているかのようです。だから、悪くなった機械の部品を取り替えるのと同じ発想で、臓器の移植や遺伝子治療が進められるのでしょう。確かに、人体は、非常にうまくできた精密機械のように素晴らしく機能しています。問題は、この精密機械を誰が作ったのか、これほどうまくできた機械がどのようにしてできたのか、ということです。

従来の医学では、このことは問いません。別に、神様が作ったのだとも言いませんが、ではどうやってできたのか、ということは問題にしないのです。からだは、すでにここにありますから。そして、とくにからだが作られてきた経緯に注目することはなく、ともかく、人体という精密機械が存在し、その機能はこれこれであるので……ということで、悪くなったところを治そうとします。

では、本当の答えは何でしょう？　人体というこの精密機械はどのようにしてできたのでしょうか？　それは、生物進化の長い歴史の中で生まれました。地球が誕生したのが、今からおよそ四五億年前。その後の割合早い時期、およそ四〇億年前にこの地球上で生命が生じました。最初の生命は、自己複製する単純なものでしたが、それから先、進化という現象が起こり、最初に出現した生物からさまざまな種類が分化して、だんだん複雑なものができていって、今に至っています。その間には多くの生物が絶滅しましたが、今ここにいる生物はみな、四〇億年前からずっと、一度も途切れずに続いてきた生命の子孫なのです。

ヒトという種類（ホモ・サピエンス）は、およそ二〇万年前に出現しました。この事件が起こる前には、そもそも四〇億年前の生命の誕生から始まって、真核生物の進化、多細胞生物の進化、動物の進化、哺乳類の進化、霊長類の進化、類人猿の進化という多くの事態が起こってきました。この間、一度もとぎれずに今の人間まで続いているのですが、そのことの意味は、現在の私たちのからだのすべては、この過去に連綿と続いてきた進化の産物だ、ということです。ヒトは、ある日突然に、なんらかの完璧な設計図をもとに作られた機械ではありません。なぜ指が五本あるのか、なぜ直立二足歩行するのかは、それは、それ以前の過去のいきさつからそうなっているのです。

たとえば、私たちと酸素の関係を見てみましょう。およそ四〇億年前に生命が誕生したころは、地球上に気体の酸素はありませんでした。ですから、最初の生命は、酸素呼吸はしていなかったのです。それが、いろいろないきがかりから、酸素を呼吸することになり、それによってエネルギーを得る過程ができました。ミトコンドリアという細胞内小器官は、このエネルギー生産を司っています。もともと、ミトコンドリアは別個の生命体でしたが、それが他の細胞と同居するようになり、取り込んだほうの細胞は、エネルギーの生産をミトコンドリアに肩代わりさせることになりました。

私たちも、こういう生物の子孫です。今でこそ、酸素は呼吸のために欠かせない大事な物質ですが、私たちが酸素を利用するようになった背景には、この四〇億年の歴史があります。そして、酸素は、始めから生物にとって心地よいものであったわけではなく、もともと危険な性質を抱えていました。それで、酸素とつきあうやり方には危なっかしいところがあります。生物は、四〇億年の間に、その危なっかしさをなんとかしのいで、ここまで続いてきました。それでも、酸素とのつきあいには苦労があります。このことが、老化と深く関係しています。

生きていくということは、いろいろな物質を燃やしたり分解したりする化学反応を絶えず行うことです。その過程で酸素を使うと便利なわけですが、酸素は反応の途中で、電子を失ったフリーラジカルという物質になります。フリーラジカルは反応性が高く、周囲のものをよく壊します。そこで、細胞も壊されてしまうのです。

しかし、それではうまくないので、生物のほうも、フリーラジカルを除去するさまざまな手だてを進化させてきました。スーパーオキシドディスムターゼという長い名前の酵素なども、その一つです。これはフリーラジカルをぱくぱく食べて、細胞に悪さをする前に消してしまう酵素です。それでも、生きている限り化学反応は続き、フリーラジカルは出てきます。それが、少しずつ少しずつ細胞を壊していくことが、老化なのです。

また、生物は環境の中で生きており、その環境にはさまざまな他の生物がいます。それらの他の生物との関係には、食う・食われるの関係、同じ資源をめぐる競争関係、互いに依存する共生関係など、さまざまなものがあります。その中の一つが、寄生者と宿主の関係です。細菌やウィルスが原因で起こる感染症は、このような寄生者が私たちに取り付いてくることで起こります。

寄生者は宿主を利用し、そこから栄養を横取りして自らを増やそうとします。一方、宿主のほうは、なんとか寄生者に取り付かれないように防御をします。時間がたてば、宿主が防御に成功することもありますが、さらに時間がたてば、また寄生者がそれを出し抜くすべを進化させるでしょう。こういった関係は、さまざまな種類の生物が互いに軒を接して暮らしているという環境では、避けられません。生物間の相互作用があれば、寄生という現象は必ず生じてくるのです。

こういう風に見てみると、病気というものがまったく違って見えてきませんか？あるべき設計図からずれた状態、あり得べからざる状態なのではなく、進化の過程でこの体が作られてきたいきさつに伴う、何らかの自然現象なのです。では、なぜこのようなことが起こるのか？　それを理解するには、まず、進化と適応について理解しておかねばなりません。

進化とは何か

進化とは、生物の性質が世代を経るとともに変化することをさします。世代を経て起こる変化ですから、進化は個体の一生の間には起こりません。ですから、「僕はこのごろ進化したので、風邪をひかなくなった」などということはないのです。これは、個人の免疫の獲得などにかかわる現象です。

また、世代を経て起こる現象とは、親の世代の集団が持っていた性質と、子の世代の集団が持っている性質が変わっていくということですから、個体ではなくて集団を見たときに現れる現象です。ですから、先ほどの「僕はこのごろ風邪をひかなくなった」というのは、集団ではなくて個人の話ですので、この意味でも進化の話ではありません。日本人の集団を見たときに、インフルエンザに対する何らかの抵抗性遺伝子が広まり、日本人がインフルエンザにかかる率が減るということがあれば、それは進化です。

今、日本人の集団にインフルエンザ抵抗性の遺伝子が広まれば、という話をしましたが、進化は、遺伝子が関与している現象です。世代を経るとともに変化するのは、親から子へと受け継がれる遺伝子が関与しているからであり、ある遺伝子が集団中に広まったり、無くなったりすることによって起こる現象です。ですから、日本人がインフルエンザにかかる率が世代を経て変化したとしても、それが、日本人集団の遺伝子に変化が起こったからではなく、手を洗う、うがいをするなどの習慣が広まることによって起こったのであれば、それは進化ではありません。それは、文化による変化です。

大進化と小進化

進化というと、魚類の一部が水から上がって両生類が生じてきたり、恐竜が絶滅したあとに哺乳類が出現してきたりするような、大きな変化を思い浮かべます。こういう生物進化史上の大きな出来事を、大進化と呼びます。しかし、進化は大進化だけではありません。世代を経て、集団中の遺伝子の頻度が変化することは、新しい種が出現するようなことは起こさなくても、生物にさまざまな重要な変化を引き起こします。先ほどの例では、別に新しい人類が出現したのではなくても、もしも日本人の集団に、ある病気に対する抵抗性の遺伝子が広まり、日本人がその病気にかかりにくくなったら、それは大きな出来事でしょう。このように、新種の誕生などではないけれども、集団の中で絶えず起こっている遺伝子頻度の変化を、小進化と呼びます。

では、世代を経ると、なぜ遺伝子が増えたり減ったりするのでしょう？　これは、進化の起こるメカニズムです。

ここで、まず、「遺伝子」というものについて少し解説しておかねばなりません。

「遺伝子」というのは、生物のある性質を作り出すもとになっている情報を指します。たとえば、目でも胃でも肝臓でも指でも、私たちのからだの細部が作られていくには、それぞれ、その部分を作るような「遺伝子」があります。進化が起こると、集団中の遺伝子の頻度が増えたり減ったりすると言いましたが、それは、必ずしも、たとえば目を作る遺伝子そのものが無くなってしまうというような意味ではありません。

目を作るにもいろいろな作り方があり、目を作るのに関与している遺伝子にも、いろいろなバージョンがあります。たとえば、ヒトの目だけに限っても、目の色で言えば、黒から青まで、いろいろな色があります。形の上では、丸い目から細い目、一重まぶたも二重まぶたもあります。このように、「目を作る」という点では同じなのですが、「どんな」目を作るかに関しては、同じヒトでもいろいろなバージョンがあるのです。このように、同じ器官を作る遺伝子にもいくつかの異なるタイプがあり、それらをその形質を作るための対立遺伝子と呼びます。たとえば、違う色の目をしている二人の人では、「目を作る」遺伝子があるという点では同じなのですが、何色の目になるかという点で、異なる対立遺伝子を持っているのです。

小進化は、これらの対立遺伝子のうちのどれが集団中で多くなるのか、という変化をさします。たとえば、少しでも黒い方が増えていくのか、一重まぶたが二重まぶたよりも増えていくのか、というようなことです。「目を作る」という点では変わりはないのですが、「どんな」目を作るのかが変化します。

大進化では、遺伝子にもっと大規模な変化が起こり、まったく新しい機能をになう器官が生じたり、足の数やからだの大きさに大規模な変化が生じたりし、新しい種が誕生します。この場合、先の小進化における、「ある器官を作る」ことに変わりはないが、「どんな」器官になるのかが変化するというのではなく、「新しい器官を作る」ことが起こったということです。本書では、ヒトという生物ができあがってから、病気という現象に関して、ヒトの集団内で起こってきた小進化について考えていきます。

適応とは何か

生物とは、実にうまくできているものです。空を飛ぶ鳥の翼やからだの形、海を泳ぐイルカやペンギンの姿形は、流体力学的に見た自然の傑作でしょう。また、すぐには明らかでない性質でもうまくできているものはたくさんあり、たとえば、鳥は空を飛ぶための素晴らしい設計を随所に備えています。自力で空を飛ぶのですから、からだが少しでも軽いほうがよいに違いありません。そこで、鳥の骨は、含気骨といって、陸上の哺乳類なら緻密につまっている骨の中が泡状の構造になっています。強さは保ちつつも、なるべく軽くなるようにできているのです。

また、鳥には嘴（くちばし）がありますが、私たちのような顎がありません。つまり、鳥の頭骨には、下顎骨がなく、歯もないのです。下顎骨と歯があれば、物を噛むには便利ですが、かなり重くなります。鳥は、ここもスリム化して、嘴という軽い器官を進化させたのです。

別の例を見てみましょう。擬態というのがあります。東南アジアの熱帯林に住むコノハムシという昆虫は、木の葉にそっくりの形をしています。形ばかりでなく、色も、模様も、そしてその行動も、まるで木の葉です。種によって色も模様もさまざまに違うものがありますが、どれも、木の葉にそっくりという点で、これも自然の傑作と言えるでしょう。擬態は、それをしている生き物が背景に溶け込んで、他の生物から見つかりにくくさせています。その効用は二種類あります。その生物が、捕食者に見つからないように隠れること、そして、逆にその生物自身が捕食者である場合には、獲物に見つからないようにしてうまく襲いかかることです。

まだまだ、例をあげればきりがありませんが、生物は、その暮らしている環境との関係において、実にうまくできています。これを、適応と呼びます。生き物の不思議、生き物の素晴らしさは、まさにこの適応にあると思います。では、適応はどのようにして作られるのでしょうか？　その仕組みが、自然淘汰による進化です。

適応を生み出す自然淘汰

生物の個体には、さまざまな変異があります。タンポポでもヒトでもスズメでも、たとえ同種に属していても、よく見れば、みんな一つ一つ異なるものです。これを個体変異と呼びます。個体変異が生じる原因には、いろいろなものがありますが、どんな遺伝子を持っているか、つまり、ある形質に関する対立遺伝子の違いによる、という場合があります。

次に、そのような個体変異の中には、そういうタイプであるがために、その個体が生存して繁殖する上で有利になったり、不利になったりするものがあります。一方、そんなことはなくて、生存と繁殖にはなんの影響も及ぼさないような変異もあります。たとえば、Aという病気に対して抵抗性の強い人と弱い人があったとします。この病気が稀なものではなく、しかも、弱い人は死ぬかもしれないほどに激しい症状をもたらすのであれば、この病気に強いか弱いかは、生存率と繁殖率に影響を及ぼすでしょう。これは、たいへん大きな意味を持った変異です。

また別のBという病気に対する抵抗性の強い人と弱い人があったとします。でも、この病気が非常に稀であったり、かかってもたいしたものではなかったりした場合には、この病気に強いか弱いかは、生存率と繁殖率には影響しないでしょう。

さて、生存率と繁殖率に影響がある、Aという病気に対する抵抗性の場合を考えてみます。この病気に対する抵抗性の強い人は、弱い人よりも明らかによく生存し、産む子どもの数も多くなります。ところで、その原因ですが、Aという病気に対する抵抗性を現す遺伝子のタイプPと、抵抗性がない遺伝子のタイプQがあったとしましょう。Aという病気に対して強いか弱いかが、対立遺伝子のPを持っているか、

Qを持っているかということでほとんど決まってしまう場合には、どうでしょう。次の世代では、対立遺伝子Pを持った人の子どもの数が増えます。これを繰り返していくと、どんどんP遺伝子の頻度が増え、そのうちにQ遺伝子はなくなってしまうに違いありません（**図1-1**）。その結果、ある年月が経てば、その集団の誰もがAという病気に対する抵抗性を身につけることになるでしょう。これで、適応が起こりました。このような過程を、自然淘汰と呼びます。

先に例に出した、鳥の翼の形に関して言えば、初期の鳥の翼を作っていた遺伝子のタイプには、さまざまなものがあったでしょう。その中には、流体力学的に見て、少し優れたものと、そうでもないものがあったはずです。この違いは、たとえほんの少しの違いであっても、うまく飛べるかどうかに決定的な違いをもたらしたでしょうから、その個体の生存と繁殖に影響があったはずです。そこで、よりうまく飛べる形を作り出す遺伝子のタイプを持っていた個体の生存と繁殖が高くなることにより、長い年月のうちには、鳥の翼は、あのように素晴らしく適応的な形になりました。

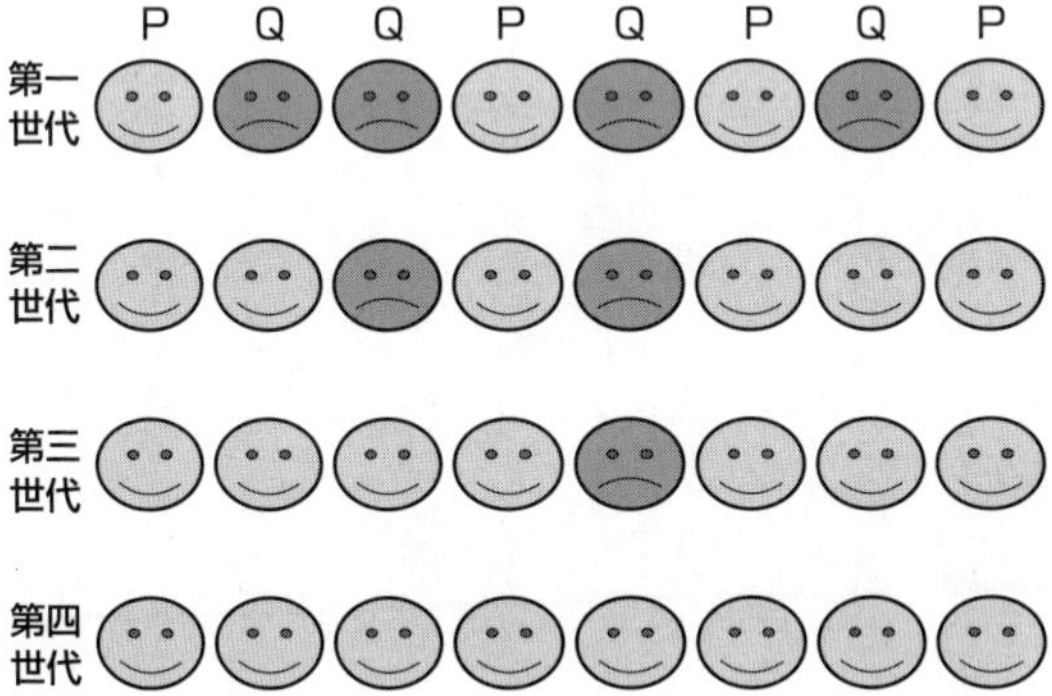

【図1-1】 自然淘汰のプロセス

病気に対する抵抗性の強い遺伝子Pと弱い遺伝子Qにかかる自然淘汰。Q遺伝子を持つ個体の生存・繁殖率が低いため、Qには強い自然淘汰がかかり、世代を経るごとに頻度が減っていく。

これは、対立遺伝子の違いによってほとんど全部が決まってしまう場合でした。このような場合には、自然淘汰が素早く起こり、生存と繁殖に不利な遺伝子のタイプを急速に除去してしまいます。その結果、集団中の誰もが素晴らしい適応を持つようになります。

しかし、変異が生じる原因は、どんな対立遺伝子を持っているか、だけではないこともあります。遺伝子のタイプも影響はしますが、どんな環境でどのように成長したかが大きな影響を与えることもあります。

先の場合とは違って、遺伝子の違いというよりは、環境や育ち方の違いだけが個体の変異を生み出す場合はどうでしょうか？　Aという病気に対する抵抗性があるかないかは、重要な違いですが、その違いを生み出している原因は、環境要因にあります。その場合でも、抵抗性がある人たちのほうが、ない人たちよりも生存率も繁殖率も高くはなります。でも、次の世代はどうでしょう？　生存、繁殖率が高かった原因が遺伝子ではないので、次の世代で、とくにどれかのタイプの対立遺伝子が増えたり減ったりすることはありません。これでは、自然淘汰は働いていません。

その中間的な場合もあります。Aという病気に対して抵抗性の強い人と弱い人とがあります。そこには、対立遺伝子としてPを持っているのか、Qを持っているのか、ということも関係はあります。しかし、それだけで決まるのではありません。対立遺伝子Pを持った人は、なんにせよ、この病気に強いのですが、対立遺伝子Qを持っている人は、ある環境Cで育った場合にのみ、とくに抵抗性が弱くなるとしましょう。すると、対立遺伝子Qを持っている人たちの中にも、Cという環境で育つ人も育たない人も出てきます。ほとんどの人はCという環境で育たない、ということであれば、遺伝子Qを持っていたからと言って、それほど致命的ではありません。

こういう場合には、次の世代でのPとQとの遺伝子の頻度を見ると、それほど大きな変動はなく、PもQも保たれていくことになるでしょう（図1-2）。しかし、一旦環境が変わって、多くの人たちがCという環境で暮らすようになったとすると、対立遺伝子Qは、急速に不利になっていきます。そうなると、最初の場合のような強い淘汰が働いて、Qは消えていくでしょう。

このように、環境との関係で、生存と繁殖に差異が生じ、その原因が遺伝子によるものである場合、集団中での遺伝子の頻度が変化することが、自然淘汰なのです。自然淘汰が働くと、集団は、ある問題に対して非常にうまく対処できるようになり(鳥が効率よく飛行するという問題、ある致命的な病気にかかりにくくなるという問題など)、世代を経るにつれて、適応が生じます。

自然淘汰が強く働くかどうかには、いくつかの要因があります。一つは、その問題解決が、個体の生存と繁殖にとって、どれほど重要なものであるか。重大であるほど、自然淘汰は強く働きます。第二に、その問題解決の上手下手に関わっている原因が、遺伝的なものである度合い。この度合いが強いほど、素早く自然淘汰が起こります。ですから、どんなに重要な問題解決であっても、その解決の上手下手が遺伝的なものでなければ、自然淘汰による適応は起きません。自然淘汰とは、遺伝子がふるいにかけられることによって、問題解決の上手下手が、世代を超えて伝えられ、上手な遺伝子が広まっていくことなのです。

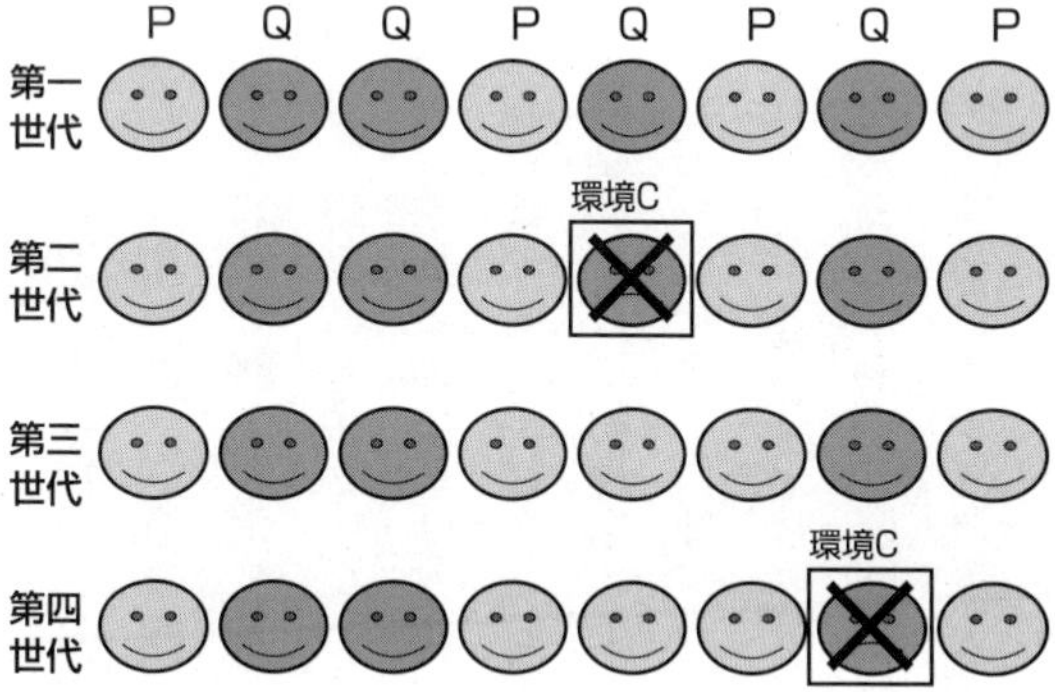

【図1-2】　自然淘汰のプロセス2
病気に対する抵抗性の違いによってＰとＱと２つの対立遺伝子があるが、Ｑは、環境Ｃのもとでのみ抵抗性が弱くなる。この場合は、Ｑ遺伝子にかかる自然淘汰は弱くなり、頻度の減少もゆるやかである。

進化と適応について概説しました。生き物がこの地球上にどうやって存在するようになったのか、生き物はどういういきさつで今持っているような性質を持つようになったのか、ということを理解する鍵が進化と適応の概念なのです。

ところで、自然科学は、自然現象に対する「なぜ?」という疑問に答えようとする試みです。なぜ月の満ち欠けがあるのでしょう? なぜ一年には四季があるのでしょう? なぜ手に持った物を離すと地面に落ちるのでしょう? 水はなぜ〇度で凍るのでしょう? これらの疑問には、物理学による答えが一つあります。

では、生物の性質についての「なぜ?」には、どんな答えがあるのでしょうか? 実は、これは、物理の話よりも少し複雑です。たとえば、「ウグイスはなぜ春になるとホーホケキョと鳴くのだろう?」という疑問を持ったとします。この疑問の答えはなんでしょう? 一つの答えは、ウグイスがどのようにして春が来たことを感知し、その感覚がどうやってホーホケキョというさえずり行動を引き起こすかという、メカニズムの答えです。これを、至近要因と呼びます。ここには、日照時間を検知する脳のメカニズムや、その認識がきっかけとなってホルモンが分泌される機構、そして、それがさえずり行動を促す神経メカニズムなどが関与しています。

この至近要因は、「なぜ?」に対する典型的な答えだと思われるかもしれません。でも、「なぜ?」の答えはこれだけではないのです。たとえば、さえずりが引き起こされる詳しいメカニズムはともかくとして、ウグイスは「なんのため」にさえずっているのでしょう? 言い換えれば、さえずりの機能は何なのでしょう? それは、そこが自分のなわばりであることを他の雄に対して宣言し、侵入者を排除することと、雌を惹きつけて求愛し、配偶することです。さえずりは、そのような機能を果たしている重要な性質であるからこそ、進化してきました。これを、究極要因と呼びます。ここには、さえずりがいかに他の雄の侵入を防いでいるか、雌はさえずりにどのように反応して配偶が起こるのか、などの事柄が関与しています。

さらに、発達という側面もあります。さえずりは始めから出来上がっているわけではありません。早春のころには、まだ下手くそなホーホケキョの声が聞こえますね。ヒナのころから成鳥になるまでを追ってみると、どういう経過であの美しいさえずりが完成していくのかがわかります。これを、発達要因と呼びます。ここには、もともと持って生まれたさえずりの鋳型としてはどんなものがあり、そこに学習が加わってどのようにさえずりが完成していくのか、という経路が関与しています。

最後に、進化史の長い時間を見てみると、「ホーホケキョ」と鳴くウグイスと、そうは鳴かない他の鳥類との共通祖先の段階がありました。その共通祖先は、さえずっていたかもしれないし、さえずりはしなかったかもしれません。さえずっていたとしても、現在の「ホーホケキョ」とは違っていたでしょう。もともとのどんな鳴き声から今のさえずりが生まれたのか、系統的にその進化の道筋を解くことも、「なぜ?」の一つです。これを、系統進化要因と呼びます。

このように、生き物が持っている性質が「なぜ」あるのか、という疑問には、四つの異なる答え方があります。この四つは、同じ現象を別々の側面から見ているので、どれも、「なぜ?」に対する正しい答えです。ただ、究極要因の疑問に対して至近要因の答えをしても、答えにはならないというように、ちぐはぐになってはいけません。

生物は、あたかも精密機械であるかのようにうまくできていますが、その一つ一つの作動の仕方を細かく探求するのは、至近要因の研究です。生物学の実に多くは、この至近要因の解明に当てられてきました。だから、至近要因の研究だけが生物学であるかのように思われているフシもあります。でも、生物現象を本当に深く理解しようとすれば、他の三つのアプローチも同じように大事なのです。

医学は、進化とは関係なく、「正常」な機械であるからだに起きた「異常」を治そうとしてきました。そこで、うまく治すためには、機械がどのように作動しているかを知らねばならず、四つの「なぜ」の中では、至近要因の研究に没頭してきました。これは、当然のことです。機械の作動の仕組みがわからないのに、壊れたところを治すわけにはいきません。しかし、壊れたところを治そうという発想から一歩離れ、からだの仕組みや病気のことをもっと深く知ろうとすれば、他の三つの観点からも見てみる必要があるでしょう。本書では、それを行っていきたいと思います。

まとめると、生物が持っている性質に関する「なぜ?」には、至近要因、究極要因、発達要因、系統進化要因の四つの異なる答え方があります。しかし、性質によっては、この四つ全部に明確な答えが得られない場合もあります。たとえば、「アゲハチョウの羽の模様は、なぜあのようになっているのか?」という疑問はどうでしょう？

至近要因は、羽の模様を作り出している遺伝子が何であり、色素がどのように作られ、どのようにあのパターンに分布するのか、といった事柄でしょう。究極要因は、羽の模様の機能です。あれは、アゲハという種の識別のための信号でしょう。系統進化要因は、アゲハとそれ以外のチョウの共通祖先の模様から、何がどう変化して今のアゲハの模様になったのか、という経路です。でも、発達要因というのはどうでしょう？　アゲハの羽の模様は、小さいときからだんだんに作られていくものではないので、ウグイスのさえずりと同じように発達要因の答えを用意することはできません。この場合は、発達要因と至近要因とはかなり近いものになります。

また、生物の性質の中には、とくに何の機能も果たしていないものもあります。そういう場合には、究極要因としては、「とくに機能はないが、ことさらに負の影響も与えていないので、今に至るも見られる」ということしかないでしょう。

このように、取り上げる性質によっては、四つの答えのすべてが明確に探求できるものでもないことはあります。大事なのは、四つの答え方があるということ。本書では、ヒトのからだと健康に関するいくつかの疑問について、これらのさまざまなアプローチから答えを探っていきましょう。

「病気」の種類

医学では、普通、病気をどのように分類しているのでしょうか？　病院の外来診療にどのような看板があるかを見れば、その一端がわかります。まず、内科、外科という区別がありますね。おなかが痛いときには内科、怪我をしたときには外科に行きます。これは、からだの内部で起こっている不具合と、からだの表面で起こっている不具合との分類でしょうか。薬で治すのが内科、手術は外科、という違いもあります。

もう少し細かい分類を見ると、循環器科、泌尿器科、消化器科、肛門科、歯科、などとあります。これらは、からだの各器官による分類です。心臓が悪ければ循環器科、歯が痛ければ歯科、ということです。一方、小児科というのは、子どもかおとなかという分け方で、子どもであればどこが悪かろうと小児科です。産婦人科というのも、女性か男性かの分類でしょう。産科は、妊娠と出産にかかわることで、これは確かに女性にしか起こらないことですが、婦人科は小児科とは違って、女性ならば何でもというわけではなく、女性生殖器の病気だけを扱っています。

このように、医学は、人体の不具合を、どこでその不具合が起きているのか、いわば部品の位置で病気を分類しています。これは、先に述べたように、現代の医学が人体を精密機械とみなし、その構成部品をまともなものに治す、換えることで治療しようとしてきた、その姿勢を表しているのでしょう。だから、患者の側から見れば、自分でもどこが悪いのかよくわからないことが多々ありますから、いきなり、病院のどの科に行けばよいのか、はっきりしないこともあります。そういうときは、まずは内科でしょう。

一方、感染症や生活習慣病、ガンという名称もあります。感染症は、細菌やウィルスなど、寄生者が私たちに感染することによって引き起こされる病気です。一方、生活習慣病というのは、最近の名称ですが、何かのバイ菌が取り付くことによって起こるのではなく、運動不足などの生活習慣から生じる不具合を指します。これらは、どこの臓器が悪いのかということではなく、病気の原因による分類です。ガンは、自分自身の細胞に起こる異変が原因ですから、これをひとまとめにすることも、原因による分類です。

さて、本書では、不具合が起こっているからだの部位で病気を分類するのではなく、原因が何であるかという観点から見ていきます。ですから、感染症と生活習慣病というのは、本書においても有効な分け方です。しかし、本書では、進化の歴史で作られてきたヒトのからだという考えを軸におきますので、分けている意味合いが少し違います。それは、以下の通りです。

（1）感染症――これは、細菌やウィルスのような他の微生物が、私たちのからだに寄生することによって起こる病気です。これは、生物の種間関係の一つである、寄生者と宿主の関係から生じる病気です。寄生者と宿主の関係は、ヒトと細菌以外にも、生物界には山ほどあり、それがどういう性質を持つ関係なのか、よく研究されています。そのような研究成果から、ヒトの感染症についても考えてみましょう。

（2）進化環境と現代環境とのミスマッチ――これは、ヒトのからだの進化が起こった舞台の環境と、現代の環境とがあまりにも異なるため、ヒトのからだがそれについていけないことから起こっている不具合です。チンパンジーとヒトの祖先が分かれたのが六〇〇万年前、ホモ属が出現したのが二五〇万年前、現生のヒトが出現したのが二〇万年前。その歴史を通じて、人類は狩猟採集生活をしてきました。それが、およそ一万年前に農耕と牧畜を開始し、定住生活を始めました。そのあと、世界の一部では文明が起こって都市化が起こり、産業が興隆し、急速に発達する科学技術社会ができました。この、あまりにも速い変化に、私たちのからだは追いついていっていません。そのミスマッチから、さまざまな不具合が生じています。こういう観点から、病気を考えてみましょう。

（3）適応の副産物——これは、適応が完璧ではないこと、進化がつねになんらかの妥協の産物であることからくる不具合です。先に述べましたように、適応は決して周到な計画のもとに作られているのではないので、それ以前に存在したものをもとに、こっちを少し、あっちを少しと変えて出来上がったのですから、どこかに無理が出てくることがあります。そのような、本来の欠陥がもとで生じる病気もあります。また、本当に優れた適応を引き起こす遺伝子が、それと同時に、何らかの不具合を一緒に引き起こしてしまう、という事態もあります。これを、進化遺伝学では、プレイヨトロピーと呼びます。その適応が有利である限り、多少の不具合も一緒に受け継がれてしまうので、そこから逃れるわけにはいきません。

それでは、これから、ヒトという動物の進化の歴史を見ながら、ヒトと病気というやっかいなものとの関係を探っていくことにしましょう。

第2章◆直立二足歩行と進化の舞台

地上から樹上、再び地上へ

私たちヒトは、哺乳類の仲間です。哺乳類とは、おもに地上を四つ足で歩き、からだが毛でおおわれている温血脊椎動物で、雌が子を妊娠、出産、授乳するのが特徴です。この中には、いくつもの異なるタイプがあり、それぞれ目(もく)という単位に分けられています（**表2－1**）。

これらの目の中には、クジラやジュゴンのように、ことさらに水中生活に適応したものや、コウモリやヒヨケザルなど、空を飛ぶことに適応したものなど、地上を四つ足で歩く典型的な哺乳類の暮らしをやめてしまったものもいます。私たちヒト

哺乳類	霊長目
齧歯目（ネズミなど）	
翼手目（コウモリ）	
クジラ目（クジラなど）	
鰭脚目（アザラシなど）	
ウサギ目（ウサギ）	
食肉目（イヌ、ネコなど）	
海牛目（ジュゴン）	
偶蹄目（シカ、ウシなど）	
奇蹄目（ウマ、バク）	
食虫目（モグラなど）	
霊長目（サルなど）	
長鼻目（ゾウ）	
ツパイ目（ツパイ）	
有鱗目（センザンコウなど）	
貧歯目（アリクイ）	
管歯目（ツチブタ）	
皮翼目（ヒヨケザル）	

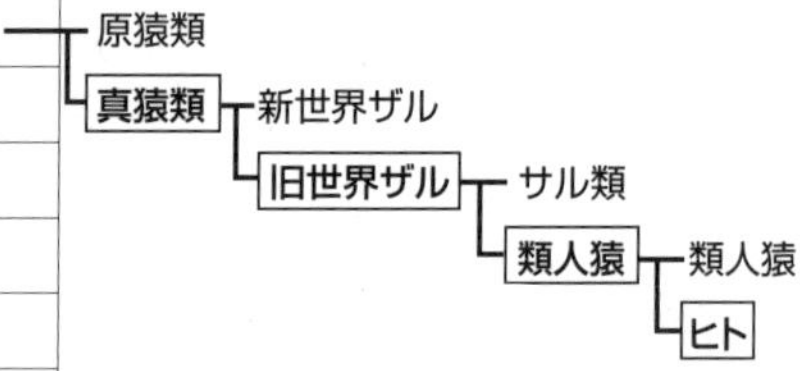

【表2-1】　ヒトの分類

はどうでしょうか？　ヒトは霊長目に属しています。これはサルの仲間で、森の中の樹上生活に特殊化しました。サルの仲間のほとんどは、森林の中、木の上で生活しています。私たちにもっとも近縁な霊長類はチンパンジーですが、彼らもアフリカの森林で暮らしており、地上一〇メートル以上もの高い木の上にいることもしばしばあります（**図2－1**）。

森の中の樹上で暮らすということで、霊長類にはいくつかの特殊な適応が起きました。その一つは、手の指が長く、親指と他の四本が互いに向き合うようにできていることです。これを、拇指対向性とよびます。私たちの手も、まさにそうなっていますね。拇指対向性があると、親指と他の四本指とを丸めて、物をしっかりとつかむことができます。これは、樹上生活で、比較的細い枝をしっかりつかんで移動する必要から生じた適応です。食肉目であるイヌやネコの手も、有蹄類のウシやウマの手も、こうなってはいません。指が長くて拇指対向性があることは、霊長類の特徴です（**図2－2**）。

ところが、私たちヒトという生物は、森の中で樹上生活を送っているのではありません。完全に地上性で、二本足で立って歩きます。これを、人類学では直立二足

【図2-1】　樹上にいるチンパンジー
タンザニア、マハレ国立公園にて（撮影：長谷川寿一）

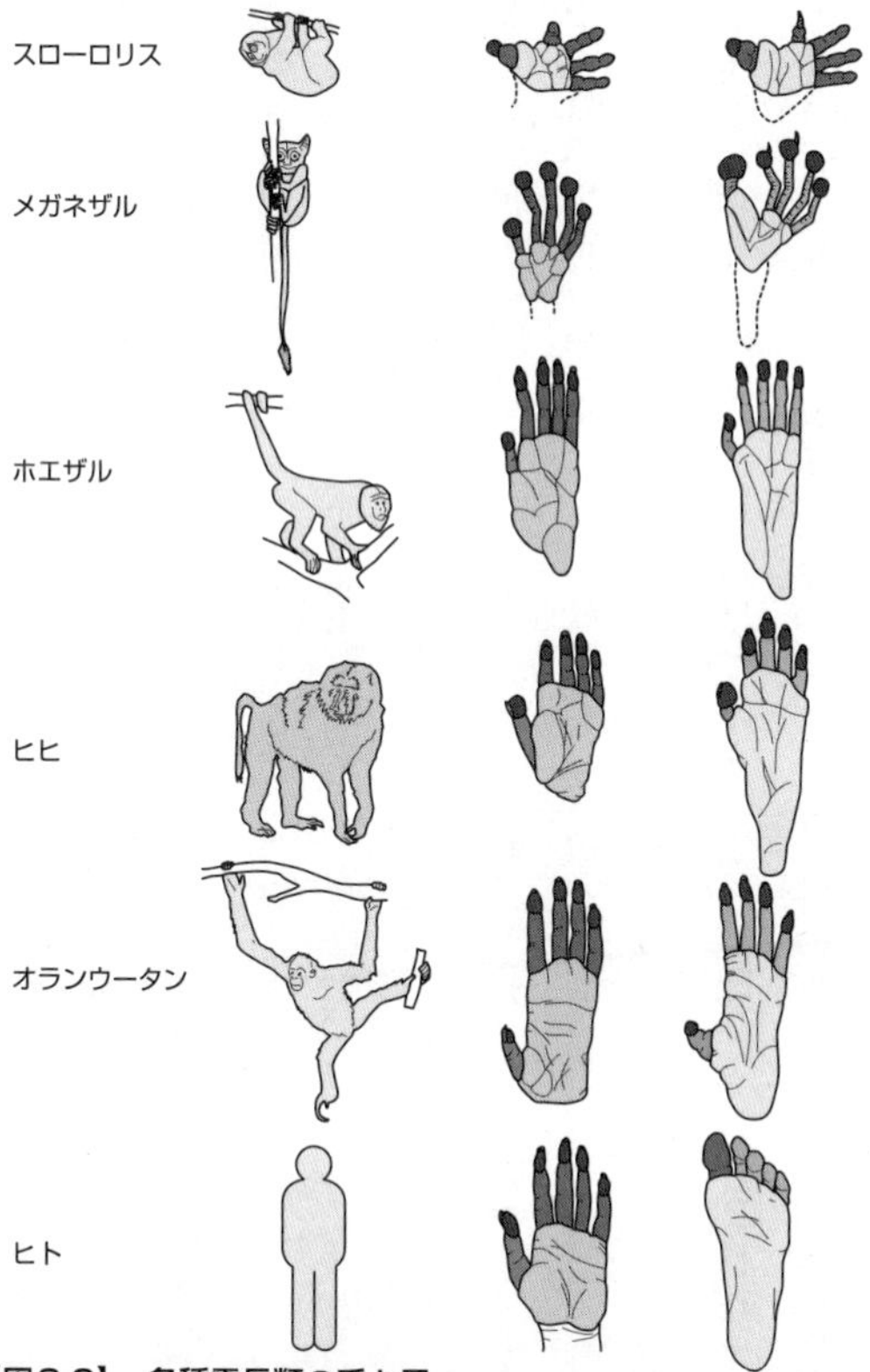

【図2-2】　各種霊長類の手と足

霊長類の手は、親指が他の４本指と向かい合っており、ものをしっかりとつかむことができる。霊長類の足も同じような構造になっているが、ヒトでは、直立二足歩行に特殊化したため、かなり形が変化した。

歩行と言いますが、常習的にこのような移動様式をとっている哺乳類は、ヒト以外にはないのです。他の霊長類も、ときには後ろ足で立ち上がって歩いたりもしますが、常習的にこういう移動様式をとっているわけではありません。一方、鳥の中には、たとえばダチョウなど、常習的に二足歩行するものがあります。でも、彼らは哺乳類ではありませんからね。そこで、人類という生物の定義は、「常習的に直立二足歩行する霊長類」ということになります。

哺乳類は一般に地上性の四つ足歩行です。それが、霊長類では樹上生活への適応が起きました。ところが、人類はまた地上に戻り、しかも、もともとの四つ足歩行ではなく、直立二足歩行という新しい移動様式を採用しました。これには、けっこうな人体の構造改革が伴っています。

どんな構造改革かということの全体は、またあとで述べますが、さきほど手の話をしましたので、ついでに足を見てみましょう（**図2－2**）。霊長類は樹上で枝をつかむように手足が進化しましたので、ヒト以外の霊長類では、足の指も比較的長く、足指にも多かれ少なかれ拇指対向性が見られます。つまり、足でも、親指と他の四本指とを向き合わせ、丸めて枝をつかむことができるのです。

しかし、ヒトにはこんなことはできません。ヒトの足は、他の霊長類の足と比べると、かなり変わっています。足の指は手の指よりもずっと短く、親指を含めてみんな前方を向いています。それは、ヒトの足が完全に地上をてくてくと歩くことに適応したからです。この足は、まっすぐに立って体重を支えながら、長距離を歩いていくことにこそ特殊化しているのです。

ここが人類のたいへんにおもしろいところです。地上性の哺乳類はたいてい、手と足を両方とも同じように移動に使っているので、手と足はだいたい同じ形をしています。霊長類は、樹上生活に適応したため、手も足も、枝をしっかりつかめる、かなり器用な手足になりました。そうなったあとで人類は、もう一度地上に降りたのですが、そのとき、移動に使うのは足だけということにしました。そこで、足は完全に移動用に特殊化し、器用さのほうは捨てましたが、手の器用さは、それをそのまま保持し続けることになったのです。だから、私たちの手と足は、非常に異なる役目を果たしており、形もずいぶん違うのです。

腕の可動性

人類は地上生活に戻りましたが、樹上で暮らしていたときの適応を強く残している部分がたくさんあります。手もその一つですが、腕、上腕全体がそうです。

私たちは、腕を前後左右、ほとんどどんな角度にも動かすことができます。私たちは、これが普通だと思っていますが、たとえば、イヌやネコの腕を動かしてみてください。こんなに三六〇度の回転などは無理です。哺乳類のほとんどは地上性で、手も足も移動のために使っていると言いましたが、そうなると、四肢は、からだを支えて前後に動くだけですから、とくに横方向の可動性はそれほど必要ないのです。

人類は樹上生活をする霊長類の仲間ですが、その中でも、チンパンジーなどの類人猿の仲間から進化してきました。ヒトともっとも近縁なのはチンパンジーですが、チンパンジーは、よく枝からぶらさがっているでしょう。そして、左右の腕をスイングしながら樹上を進んでいきます。類人猿は樹上ではこんな動きをしており、腕の可動性が非常に広いのです（図2-3）。

人類は、このような移動様式をとっていた樹上性の類人猿から進化しました。そ

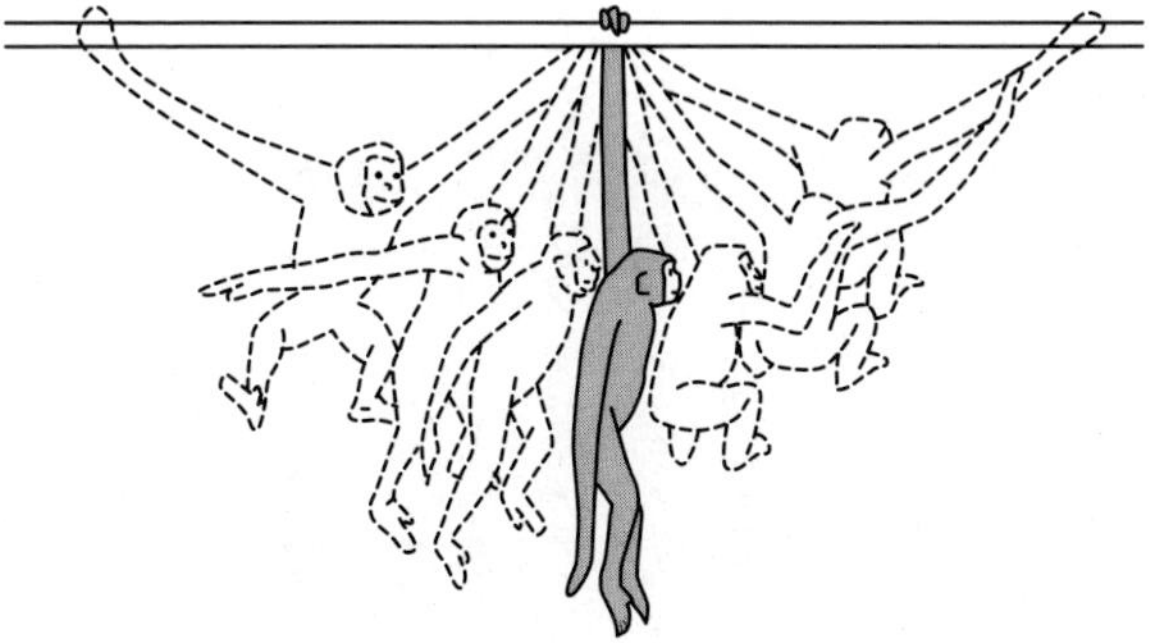

【図2-3】 テナガザルの上腕可動性
ヒトと類人猿の上腕は、ほぼ360 度にわたって回転させることができる。類人猿は、腕で枝にぶら下がって、からだを前に振り出すことによって移動することができる。

して、地上に降りて二本足で歩くようになったので、腕の可動性のほうは、そのまま保たれました。腕を三六〇度自由に動かすことができる、ということも、樹上生活のなごりなのです。

森林の中で立ち上がった人類

チンパンジーとヒトの系統とは、その共通祖先から、およそ六〇〇万年前に分かれました。共通祖先は、今のチンパンジーと同じように、熱帯森林の中で暮らしていました。人類の祖先は、なぜ移動様式を変えたのでしょう?

以前は、森林から出てサバンナへと生活環境を変えたので、そこで立ち上がったのだと考えられていました。ところが、最近になって、チンパンジーの系統と分かれた直後であると考えられる、非常に古い人類化石がいくつか発見された結果、そうではないことがわかってきました。それらは、アフリカのチャドで発見された、およそ六〇〇万年前のサヘラントロプスと呼ばれる化石や、ケニアのトゥルカナ湖周辺で発見された、オロリンと呼ばれる化石です。これらの化石は、確かに彼らが直立二足歩行していたことを示しています。ところが、彼らの住んでいた場所は、まだ森林の中だったのです。

つまり、人類は、サバンナに進出するずっと前から、森林の中で直立二足歩行を始めたのです。それがなぜだったのか、森林の中でなぜわざわざ立ち上がったのか、答えはまだわかりません。

その後、四〇〇万年ぐらい前になると、アルディピテクス、アウストラロピテクスなどと呼ばれる化石が出てきます。中でも、アウストラロピテクス・アファレンシスと呼ばれる種類には、全身骨格が出ている化石があり、ルーシーという愛称でよく知られています（**図2-4**）。

彼らも直立二足歩行はしているものの、まだまだ森林も利用する生活だったようです。確かに、彼らのからだの形をよく見ると、今の私たちのものとは少し違います。からだ全体が小さく、下肢に比べて腕が比較的長く、森林での木登りと地上での歩行と、両方に適した形なのでしょう。

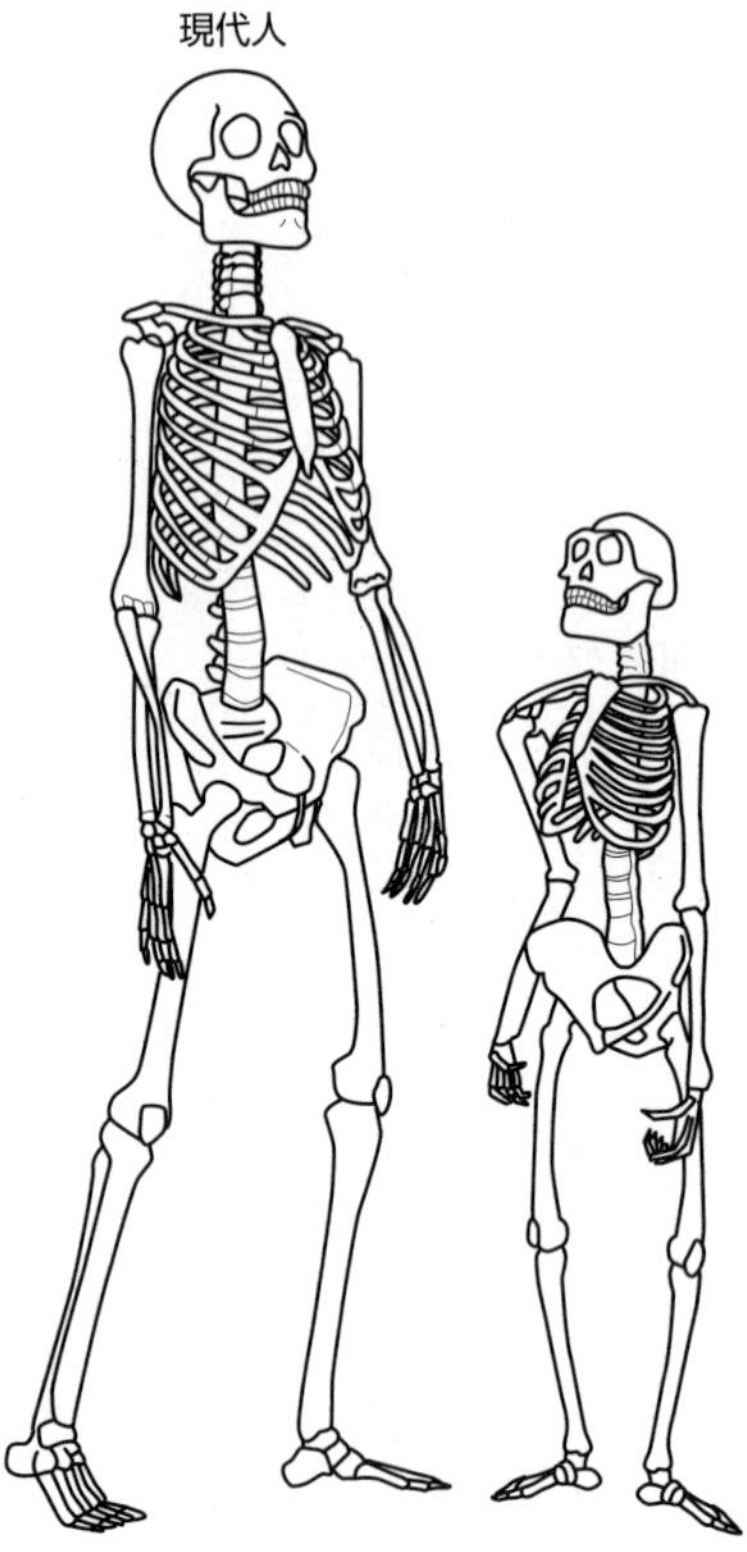

【図2-4】　アファレンシスの骨格図

375 万年前のアウストラロピテクス・アファレンシスの骨格の模式図。現代人の骨格と並べてある。

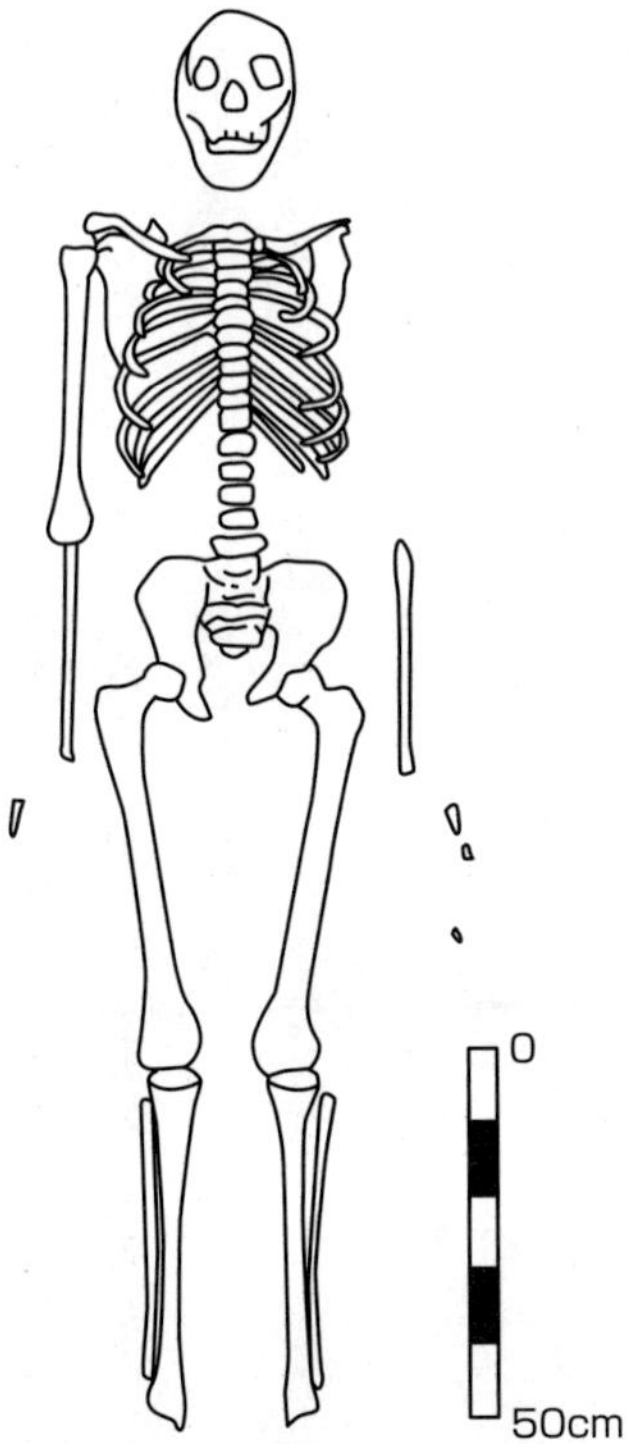

【図2-5】 エルガスターの骨格図

180 万年前のホモ・エルガスターの骨格の模式図。現代人のプロポーションに近い。

サバンナへ

それが、およそ一八〇万年前になると、また違った形をした人類が現れました。これは、ホモ・エルガスターと呼ばれています。全身骨格が出ているので、それ以前のアウストラロピテクス類とは異なり、身長が高く、下肢が長く、今の私たちとほとんど同じような形になっていたことがわかります（図2－5）。この化石人類は、私たちと同じ属であるホモに分類されています。

ホモ・エルガスターは、まさにサバンナの住人でした。エルガスター以後は、アフリカを出て旧大陸に広がったホモ・エレクトスが出てきますが、彼らも、森林ではなくサバンナが生活の舞台でした。そこで、完全に樹上を捨て、地上をてくてくと歩くということが主体の生活が始まったのです。今の私たちのからだは、多くの点で、長距離の歩行や走行に適応しています。

つまり、立ち上がって二足歩行をするというのは、人類の特徴ですが、「サバンナでの生活に適応して長距離を歩くようになった」というのが、私たちを含むホモ属の特徴なのです。その中で、あとで述べるように、脳が非常に大きくなったのが、私たち、ホモ・サピエンスです。

およそ六〇〇万年前にチンパンジーとヒトの共通祖先から人類の系統が分岐して以来、チンパンジーも人類も、それぞれに変化して来ました。しかし、人類の系統では、生活様式に関してたくさんのことが起こり、この六〇〇万年の間に大きく変化しました。その間に、いろいろな人類の種類が出現しましたが、今はみんな絶滅してしまい、私たちヒトと、そしてチンパンジーしか残っていません（図2-6）。

サバンナでの生活

およそ二五〇万年前にサバンナに進出したホモ属は、どんな暮らしをしていたのでしょう？　これはたいへん重要な疑問です。なぜなら、私たちのからだの基本構造が進化したのが、この時代だからです。私たちのこのからだが、なぜこのようにできているのか、どのような状態でうまく働くようにできたのか、ということを考えようとすれば、このサバンナ生活を理解することが鍵なのです。

まず、およそ六〇〇万年前に人類の祖先が類人猿たちの系統と分かれるまでは、類人猿の祖先たちはみんな、アフリカの熱帯森林に住んでいました。そこは、樹木が何層にもしげり、太陽の光は葉によってさえぎられます。樹木には木性のツルがからみつき、大量の植物が生えています。植物は果実を豊富につけ、雨季と乾季の区別はありますが、つねになんらかの果実が実っています。水は、森林の中を流れる川だけでなく、木の洞（うろ）などいろいろなところにたまっています。

こういう環境で、類人猿たちは、おもに果実食に適応して暮らしていました。現在のチンパンジーは、ときどき他のサル類などを捕まえて肉を食べることがありますが、基本的には植物食、それも完熟果実を食べることに特殊化しています。霊長類全体を見ても、そのほとんどが植物食で、肉を食べる霊長類はほとんどいません。また、熱帯の森林の中は、あまり温度の変化がなく、陽がさんさんと当たるということもありません。水は、いろいろなところにあります。

さて、そうやって森林の生活に適応してきた類人猿ですが、およそ一五〇〇万年前ごろから地球がだんだんに寒冷化し、なおかつ乾燥化が進んできました。かつては、ヨーロッパも全体が熱帯森林におおわれ、そこにはたくさんの類人猿たちが住んでいたものです。それが、どんどん森林が少なくなっていきました。

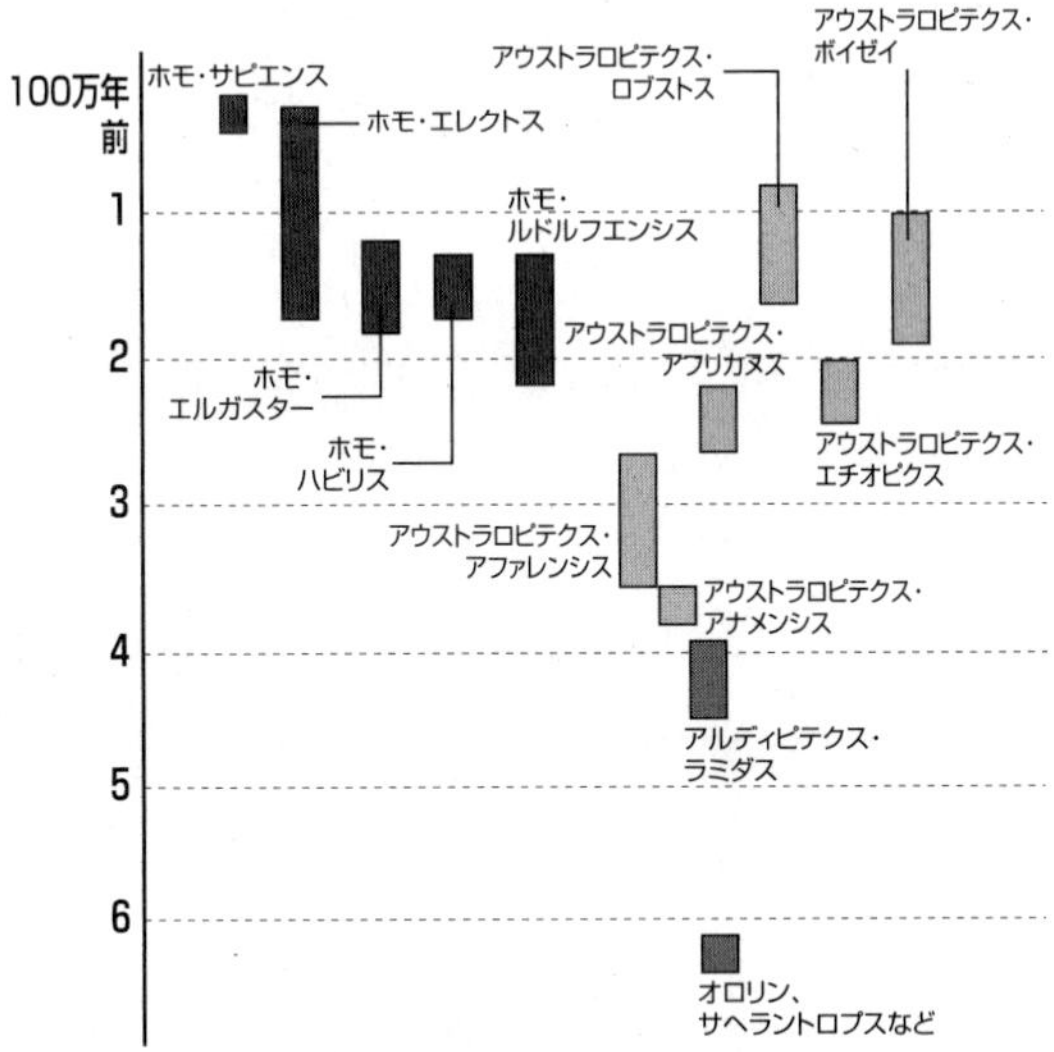

【図2-6】 人類の進化系統図

約600万年前にチンパンジーの系統から分かれた以後の人類の系統。

類人猿たちは、それでも熱帯森林での暮らしを捨てずにそこに固執する道をとりました。そこで、熱帯森林の縮小とともに、今では自分たちの分布もずいぶん縮小してしまっています。チンパンジー、ゴリラはアフリカの森林のみ、オランウータンとテナガザルは東南アジアの森林に残るのみです。

一方、人類の祖先は、およそ六〇〇万年前になぜか森林の中で直立二足歩行を始めたのですが、その後の森林の縮小とともに、二五〇万年ほど前に、森林での生活を止めてサバンナへと進出していきました。サバンナという新しい環境に、勇敢にも新天地を求めて乗り出して行ったのか、それとも、狭くなっていく森林の中で類人猿との競争に負けたので、やむなくサバンナに出て行ったのか、それはわかりません。原因がどちらにせよ、でも、結果として人類は成功したのです。こんなに世界中で増えたのですから。

サバンナは暑くて水が少ない

サバンナとは、どんな環境でしょうか？　まず、森林のように樹木がぎっしり生えておらず、まばらにしかありません。ということは、陽がさんさんと照りつける、たいへんに暑いところです。そして、水がどこにでもあるわけではありません。植物の種類がかなり違い、いつでもどこかで果実が豊富に実っているということはありません。植物のほうも、水が少ないことに適応して、地下に根をはって、地下茎や球根、イモなどを作っています。それらは、堅い地面の下にあります。そして、それら動物は、シカやカモシカなど、大型の有蹄（ゆうてい）類がたくさんいます。そして、それらをねらう、ライオンのような肉食獣もたくさんいます。

そこで、サバンナに進出したホモ属は、食料の獲得のためにも、水の確保のためにも、森林生活時代とは比べものにならないほど、長い距離を歩かねばならなくなりました。そして、それは炎天下なのです。では、何を食べるか？　これまでのように、手を伸ばせば完熟果実がどこでも取れるということはありません。種子、果実、ナッツ、根茎、地下茎、球根、そして肉、栄養があってエネルギー源となるものは、何でも食べねばならなかったことでしょう。しかも、それらはみな、比較的取るのが難しい物ばかりだったのです。

このように、サバンナではかなりの距離を移動せねばなりません。そのために、ヒトは、てくてくといつも長距離を歩くようなからだになりました。

それに関連した適応の一つが、からだの毛を失ったことだと考えられています。それは、汗をかくためです。私たちは、汗をかくのは当然と思っていますが、霊長類の中で、こんなにも汗をかく動物はほかにいないでしょう。私たちの皮膚には、たくさんの汗腺があります。これは、エクリン腺といって、ほとんど水のような汗を大量に出す腺です。チンパンジーも含めて、他の哺乳類には、このエクリン腺がほとんどありません。

哺乳類のからだは毛で覆われていますが、その根元には、アポクリン腺という腺があります。これも汗を出すのですが、その成分の多くは脂肪で、水分は少ししか含まれていません。つまり、同じ汗腺といっても、エクリン腺とアポクリン腺とは、やっていることが違うのです。エクリン腺は、水のような汗を大量に出し、それを蒸発させることによって体温を下げる働きをしています。一方のアポクリン腺は、脂肪を出して毛をなめらかにしたり、水をはじくようにしたり、匂いを出したりする働きをしています。

チンパンジーもニホンザルも、森林の中で樹上生活をしていますから、大量に汗をかいて体温調節するという必要は、あまりありません。しかし、サバンナに進出して炎天下をてくてく歩くのが普通という生活を始めた人類は、体温を素早く下げる手だてを持たねばならなかったのです。それが、毛を失うことであり、替わりにエクリン腺をたくさん持つことでした。

人間にも、脇の下や頭部など、毛のある場所には、アポクリン腺が残っています。それらの場所は、性的な魅力と関連しているようで、そのためにわざと毛が残されたのかもしれません。

では、チンパンジーやニホンザルは、汗をかかないのでしょうか？　その通りです。それでは炎天下では体温が上がってしまうではないかと心配ですが、彼らは、炎天下にはいないのです。暑くなれば木陰にはいって休み、涼しくなるのを待ちます（**図2-7**）。私たち人間が大量に汗をかくようにできているのは、涼しい木陰などというものがあまりないサバンナを、延々と歩かねばならなかった生活への適応なのです。

直立二足歩行のための構造変化

ヒトが直立二足歩行になったために大きく変化したところは、いくつもありますが、その意味合いとしては、二つあります。一つは、足、下腿、骨盤、脊柱、首など、それぞれの部分の骨や筋肉の形態と構造が変化したこと。もう一つは、内臓その他、いろいろなものに重力がかかる、その掛かり方が大きく変わったということです。つまり、四足歩行をしていたときには、背骨が地面に対して水平に伸び、そこから、前肢と後肢が下方に伸びていました。そして、内臓は、水平な背骨から真下にぶらさがっていました。

それが、直立二足歩行するようになると、背骨が地面に対して垂直に伸び、前肢と後肢が、それぞれ上肢と下肢となって背骨の横から下方に伸びるようになりました。そして、内臓は、背骨にそって下にぶらさがるようになったのです（図2－8）。これはかなり大がかりな変化であり、それに伴うコストもいろいろとあるようです。

【図2-7】　涼しい森の樹上で休むチンパンジーの親子
タンザニア、マハレ国立公園にて（撮影：長谷川寿一）

適応は万能ではありません。いくらうまくできているとは言っても、あらかじめすべてを見越して設計したわけではありませんから、なんでも対応できるわけではないのです。

しかし、明らかな構造欠陥というものもないと思います。つまり、私たちの遺伝子は、進化の長い歴史を通してテストされ、一応そのテストを毎世代クリアしてきたものの集まりなのですから、本当にだめな構造を作るようなものは、ずっと前になくなっているはずです。ただし、その遺伝子がうまくテストをクリアしてきたということは、その遺伝子が絶対にどんな条件でもうまくいく、という意味ではありません。「過去にその遺伝子がくぐり抜けてきた環境においては」うまくいった、という意味なのです。ですから、環境を急激に変えてしまえば、過去になんとかうまくいっていた遺伝子も、それほどうまくいかなくなるのは当然です。

椎間板ヘルニア

「ぎっくり腰」という俗称でよく知られている症状があります。重い物を持ったり、

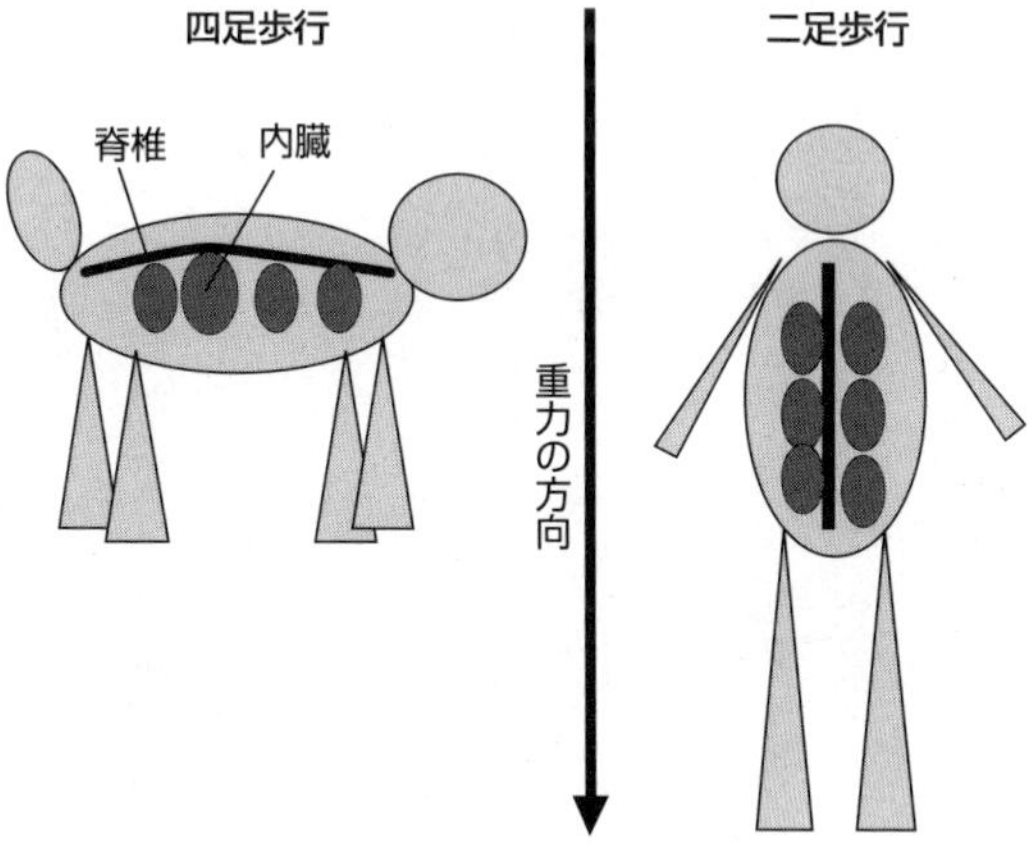

【図2-8】 直立二足歩行の重力関係

四足歩行動物では、脊椎が地面と平行で、内蔵はそこからぶら下がる。直立二足歩行になると、脊椎が地面と垂直になり、内臓は脊椎にそってぶら下がる。

激しい運動をしたりしたあと、急に腰が痛くて歩けなくなる、というような症状です。私の友人も、もうこれまでに何人もが「ぎっくり腰」で苦労しました。幸い、私はまだですが。これはまさに、直立二足歩行によって、背骨が垂直に立つようになったことから来る不具合です。四足動物たちに椎間板ヘルニアはありません。なぜなら、彼らの背骨には、真上から垂直方向に力がかかるなどということは滅多にないからです（図2－8を参照）。

ヒトの脊柱（背骨）は、二四個の骨（椎骨）からできています。それらには、頸椎、胸椎、腰椎の三種類があって、頸椎が七個、胸椎が一二個、腰椎が五個です。これは硬い骨なのですが、その椎骨どうしの間には、柔らかい軟骨でできた椎間板というものがはさまっています。これは、背骨の動きを柔軟にし、背骨にかかる力を吸収する、ショック・アブソーバーの役目を果たす器官です。

その椎間板の周囲は少し硬い成分（繊維輪）でできていますが、真ん中には柔らかい髄核があります。ヒトが直立二足歩行をすると、背骨に対して真下に力がかかるので、かなりの負担です。そこで、無理な力がかかりすぎると、椎間板の周囲の硬い部分に亀裂が入り、中身がはみ出してきます。それが神経を圧迫し、たいへん

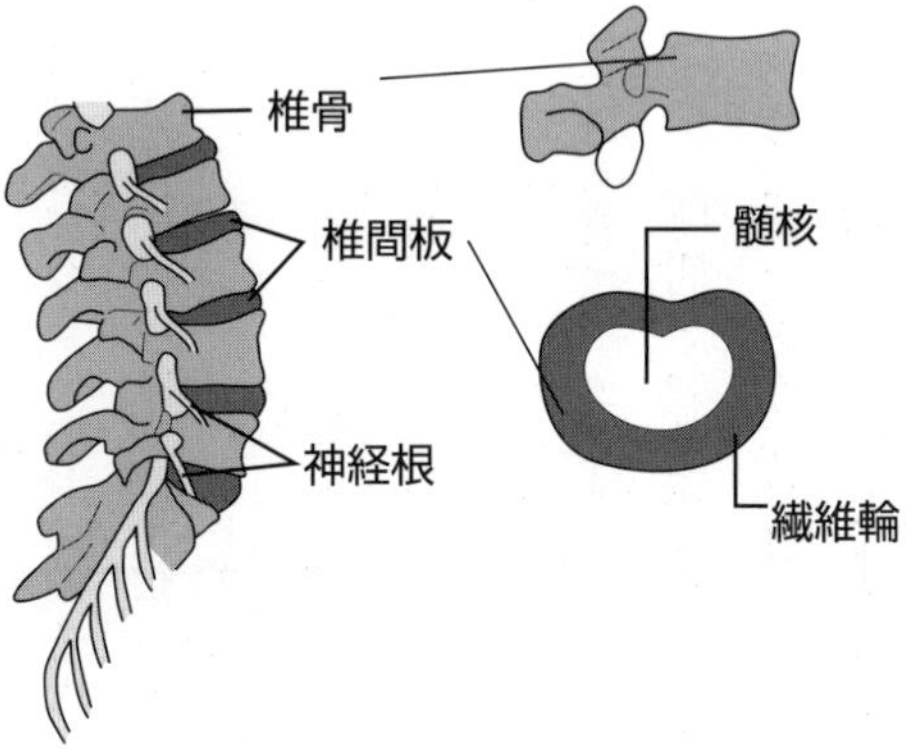

【図2-9】 脊椎の構造と椎間板ヘルニア

な痛みを引き起こす症状が椎間板ヘルニアです（図2-9）。

これではやっぱり、明らかな構造欠陥ではないか、と思われるかもしれません。しかし、人類は少なくともこの二五〇万年以上、この形で立派に直立二足歩行してきたのですから、確かにこの構造はうまくいっているのです。では、なぜ椎間板ヘルニアになるのか？　その究極要因は、直立二足歩行というロコモーション（移動法）を採用したことだとしても、その至近要因は、運動不足や姿勢の悪さによる背筋群の劣化のようです。つまり、ずっと運動をし続け、背骨まわりの筋肉をよく使って強く保っていれば、少しは無理があるとはいえ、この構造は立派に機能してきたのです。

ぎっくり腰の予防としてあげられていることを、ざっと見てみれば明らかです。適度によく運動をする、椅子に長時間すわり続けない、背中とお尻が沈み込むような柔らかいベッドで寝ない、などのことが予防法としてしばしば言われています。ホモ・サピエンスのこれまでの生活を思い出してみましょう。毎日が運動の連続でした。椅子はないし、長時間すわり続ける「事務仕事」などありませんでした。柔らかいベッドもありませんでした。ぎっくり腰を起こさせている至近要因は、近年の都市生活のあり方なのです。

そして、年齢の効果も大事です。ぎっくり腰になるのは、みな中年以後。悪い姿勢や運動不足がかなり長く続いて、初めて椎間板ヘルニアが起こります。もしも本当の構造欠陥であれば、どんな年齢の人間にも同じようにこの病気が起こるはずです。そうではなくて、ある程度の年齢がいって初めて起きるということは、構造そのものではなくて、長年の使い方に伴う無理の現れだということでしょう。

五十肩

四十肩、五十肩、という病気があります。肩が痛くて腕が動かせなくなる病気で、中年以降に起きるので、こんな名前がついています。もう亡くなった私の叔母の一人は、日常的に和服を着ていましたが、五十肩になって「一人で帯が締められなくなった」と嘆いていたことがありました。手が後ろに回せないからです。

五十肩というのは俗称で、本当はいろいろな原因による症状をいっしょくたにした呼び名なのだそうです。正確に言えば、ひとくくりにはできないことになりますが、一般的に言われている、中年以後になって肩の可動性がひどく阻害されるような痛みと運動障害のことを考えることにしましょう。

五十肩はなぜ起こるのでしょう？　これは、上腕の筋肉を肩にくっつけている腱の炎症です。肩というのは、これがなかなか複雑な構造になっています（図2-10）。肩の骨には、背中側に肩胛骨、胸側に鎖骨があり、その間に、腕の骨である上腕骨がつながっています。上腕骨が肩胛骨に接するところは、肩胛骨に丸いお椀のような穴（関節窩）があって、そこに上腕骨の骨頭がぽこっとはまっています。しかし、この関節窩は非常に浅いものに過ぎません。

骨はこのような配置になっていますが、それらを互いにつなげているのがたくさんの筋肉で、筋肉が骨にくっつくところは、平たい腱になっています。しかも、棘上筋の腱は肩胛骨と鎖骨との間で、両方の堅い骨から圧迫されます。ここに老化などで不具合が生じると、腱が炎症を起こして痛みと運動障害を引き起こします。

ヒトは、直立二足歩行をするので、普通の四足動物とは違って、腕が背骨に対して平行に左右に垂れ下がっています（イヌ、ネコなどは背骨から直角に下方に伸びています）。ですから、肩の三つの骨の間に筋肉が入り組んで、骨とこすれるなど

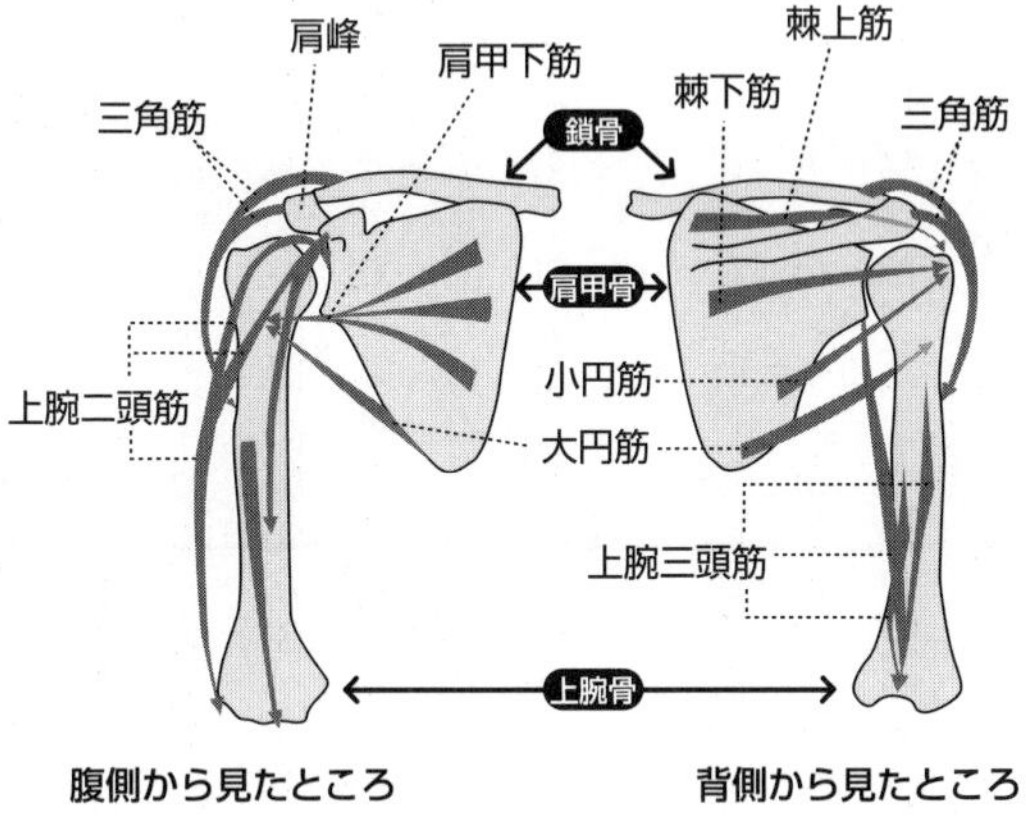

【図2-10】 ヒトの肩の模式

という事態も生じたのです。しかも、樹上生活時代に身につけた適応で、腕が三六〇度自由に動かせるような複雑な設計です。五十肩という症状が起きる究極要因は、直立二足歩行に伴う、肩関節の構造改革にあったと考えられるでしょう。

さて、五十肩は、この腱帯に炎症が起こり、腕の運動性が制限される病気です。腱帯は薄いので、栄養が行きにくい、肩峰(けんぽう)と腱帯がぶつかって、年を取るに従ってぎくしゃくしてくる、ということで起こるのですが、実は、若いときからずっと上腕をよく動かしている人々は、五十肩にはなりにくいのです。よく使っているほうが、摩耗が激しいと思われるかもしれませんが、そうではなくて、よく使っているほどよいのです。

進化的に考えてみると、このような可動性の高い上腕の基本設計は、樹上生活時代にできました。そのころは、チンパンジーなどと同じように、枝からぶら下がったり、スイングして枝渡りをしたりと、よく上腕を使っていたことでしょう。移動にも食料獲得にも、それは必須の動作でした。

ホモ属になって樹上生活を止め、完全に地上性になってからはどうでしょう？移動という役目から自由になった上腕は、食料の獲得や運搬、道具の作成など、さまざまな仕事のために使われるようになりました。高いところにある木の実を採集したり、さしかけ小屋の屋根をふいたりするには、腕を上に上げて使わねばなりません。採集した食料を運搬するにも腕を使います。また、狩猟では、槍を投げたり、弓矢を射たりと、腕をよく使います。地面を掘るのも、道具を作るのも、子どもを運ぶにも、腕は大活躍。

足ばかりでなく、ヒトはこうやって腕もさんざん使って毎日暮らしてきました。ところが、最近の暮らしはどうでしょう？　たいして腕を使わなくても、十分に暮らせます。ましてや、腕を頭よりも上に上げて作業することなど、大工さんなどを除いて、たいへん少なくなりました（大工さんには、確かに、五十肩はとても少ないのです）。

もうずいぶん前になりますが、主婦がもっともエネルギー消費している労働は、洗濯物干しだという調査結果がありました。洗濯物を干すのは、腕を上に上げての作業です。これは、結構疲れる仕事ですが、洗濯物干しが、毎日の運動の中でもっともエネルギー消費が高いとは、近年の都市での生活がどれほど運動をしないか、そして、とくに上腕を使う運動をしていないかを、よく表していると思います。

ですから、五十肩も、その遠因は、このような複雑な肩の構造にありますが、この構造でうまくいっていたのは、肩回りの筋肉をよく使いこなす生活だったからです。それが、都市の便利な現代生活になって、とんと上腕を使わないようになった結果、長年のつけが中年以降になって出てくる、ということでしょう。

鼠径ヘルニア

椎間板ヘルニアもそうでしたが、「ヘルニア」というのは、臓器があるべきところに収まっていなくて、外にはみだしてくることを指します。鼠径（そけい）ヘルニアの俗称は「脱腸」。小腸などが、腹膜に包まれたまま、腹腔（ふくくう）から皮膚のほうにはみ出してくるのが鼠径ヘルニアです。なぜ、こんなことが起こるのでしょうか？　まずは、腹腔内臓と皮膚との関係を見てみましょう。

腹腔の中には、小腸、大腸、肝臓、腎臓、膀胱などのさまざまな臓器が収まっています。腹腔の内側は腹膜で内張されています。腹腔そのものは、筋肉でできており、その外側に皮下脂肪があって皮膚があります。ですから、腹腔の内臓は、筋肉の「器」の中にあって、普通は外には出てこないはずです。

ところが、実は、腹腔には穴があいているのです。それは鼠径部です。そして、そこから小腸などの内臓がはみ出してくる余地があります。それは鼠径部です。鼠径部とは、足の付け根を指します。足の付け根あたりの筋膜には、両側に一箇所ずつ、小さな穴があいており、それを鼠径管と呼びます。小さな穴ではありますが、こんな穴があるために、そこから腸が外にはみ出してくることが起こり得るのです。

鼠径ヘルニアも、年齢とともに増える病気です。初めは、鼠径管から腸がはみ出してきても、指で押し戻せば戻ります。しかし、そのうちに戻らなくなり、痛みを伴うようになって、手術が必要になります。これも、それが起こる究極要因の一つは、直立二足歩行でしょう。腹腔の内臓に、つねに下方に向けて重力がかかっている上に、腹壁に穴があれば、そこから内臓がはみ出すこともあるというものです。

それにしても、なぜ鼠径管などという穴があいているのでしょうか？　鼠径ヘルニアになる人は、その八〇パーセント以上が男性です。発病は年齢とともに増加するのですが、それでも、どの年齢の患者をとってみても、八〇パーセント以上は男性なのです。それはなぜなのでしょう？　それを理解するには、鼠径管を何が通っているのかを見なければなりません。

ペニスと精巣をつなぐ奇妙な配管

男性では、鼠径管を通って、腹腔から外に向かって一本の管が出ています。それは、精巣で生産された精子を送り出す輸精管です。しかし、精巣はと言えば、腹腔の外の陰嚢の中に収まっている臓器です。そして、ペニスは、そのすぐ隣にあります。精巣で生産された精子をペニスに運ぶのならば、すぐ隣に直接つなげればよいでしょうに。それが、なぜ、腹腔の内部から腹壁を破って鼠径管を通って出てくるのでしょうか?

実際のところ、輸精管の経路には信じがたいものがあります。**図2-11**からわかるとおり、精巣を出た輸精管は上に登って鼠径管から腹腔の中に入ります。それから膀胱のあたりまで行き、そこから下に降りてきますが、そのときに尿管をまたいで渡り、やっとペニスにつながる尿道に合流します。なんという無駄で非合理的な経路でしょう? この配管がこうでなければならない理由はとくに思いつきません。

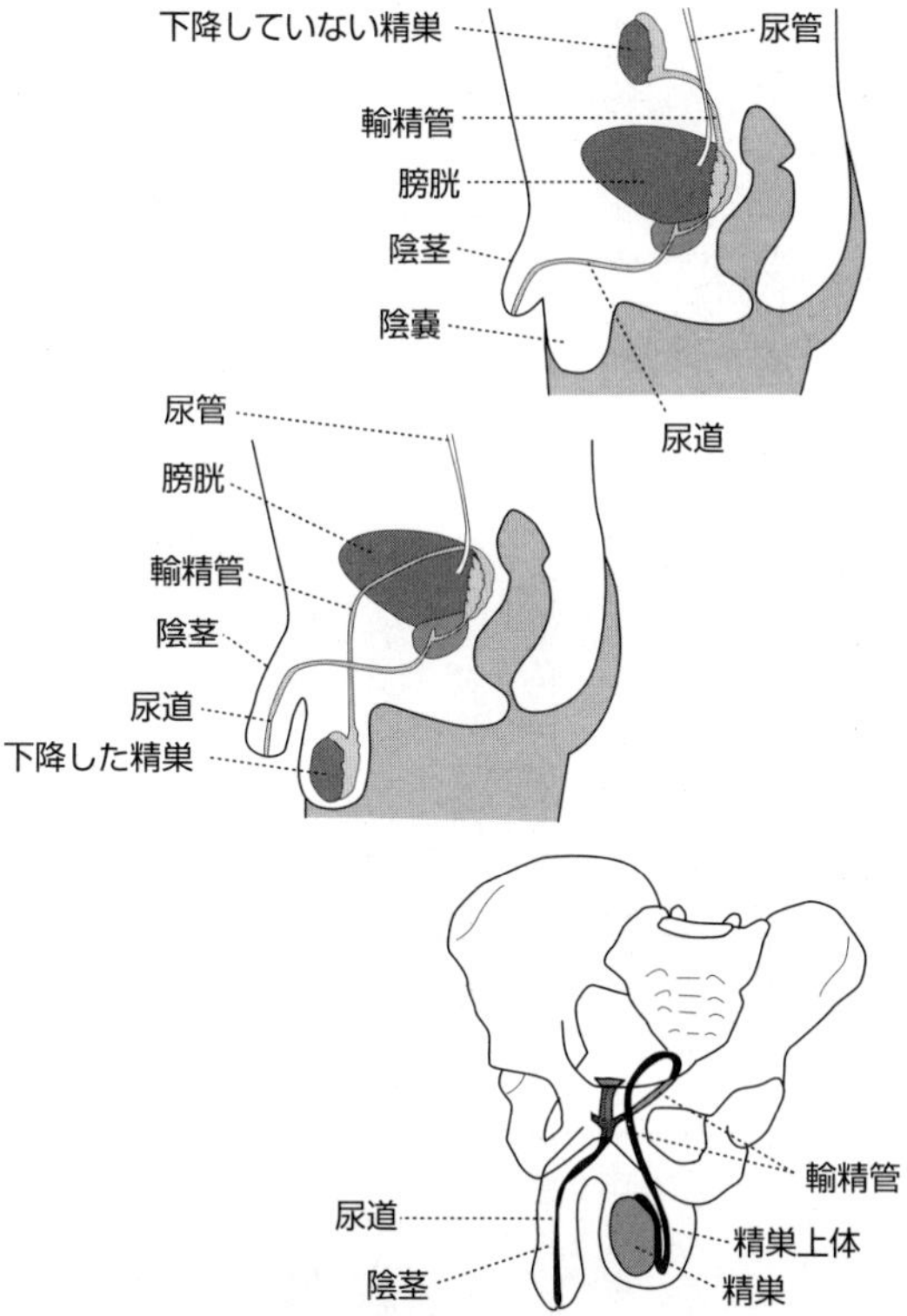

【図2-11】　男性の精管の配管

男性の精巣は、誕生のおよそ2ヶ月前ごろまでは腹腔内におさまっている。それが徐々に下降し、鼠径部から腹腔の外に出て陰嚢内におさまる。その過程で輸精管が尿管にひっかかり、かなり不自然な経路となる。

たぶん、この配管であることによって生じるメリットは、何もないのではないかと考えられます。

精巣が下がる経路

なぜ、こんな非合理的な配管になっているのかは、胎児のときからの成長の過程を見ると、そのヒントが得られます。ヒトも含めて哺乳類の胎児はみな、性染色体がＸＸであろうがＸＹであろうが、初めは雌として発生します。ヒトの場合、それが胎生の四週目ごろになって、性染色体がＸＹであり、Ｙ染色体上にあるＳＲＹという遺伝子が正常に働くと、雄性ホルモンであるテストステロンが分泌されるようになります。そして、細胞内にそのレセプター（受容体）もちゃんと存在すると、雌型のからだを少しずつ雄型に変えていく工程が始まります。

生殖腺を作るもとである生殖腺原基も、もともと雌型として発生するため、ほおっておけば卵巣を作ることになります。卵巣というのは、腹腔の中、腎臓のそばにありますね。そうして始まったものが、雄の場合、途中で「精巣になれ」という指令が来るわけです。そうすると、卵巣ではなくて精巣が作られていくのですが、そのとき、位置が問題です。卵巣は、そのまま腹腔内にとどまっていればよいのですが、精巣は、腹腔の外にでなければなりません。

それはなぜかというと、どういうわけか哺乳類の多くの系統では、精子の生産に最適な温度が、体温よりも少し低いところに設定されるようになったからです。そういう進化が起きたために（それがなぜ起きたのかはわかりません）、精巣はもとの位置から動いて、腹腔の外に出るようになりました。胎生四週目過ぎから、精巣はだんだんに下降していきます。

ところが、精巣と尿道を結ぶ管である輸精管と、腎臓と膀胱を結ぶ管である尿管は、すでにできています。そこで精巣がどんどん下降していくのですが、なんということか、輸精管が尿管にひっかかってしまうのですね！　そして輸精管はますます長く曲がりくねって伸びるのですが、最終的に、それは鼠径管を通って腹腔の外に出て、大回りをして陰嚢の中に収まることになります。

女性では、どうなのでしょうか？　女性の場合には精巣も輸精管もありませんから、鼠径管を通って大事な管が腹腔から出て行くということはありません。小さい筋肉があるだけです。

　男性では、このようなことが起こっているので、鼠径管はかなり太く、そこから輸精管が突き出ています。だんだんに年を取ってきて、この穴に強い力がかかると、ここから腹部内臓が徐々にはみ出してくることになります。これが、鼠径ヘルニアで、患者の八割が男性である理由は、ここにあります。

　また、もとの疑問に戻りましょう。なぜ、輸精管はこのような非合理的な配管になっているのでしょうか？　それは、おそらく、進化の「行きがかり」だと思われます。進化では誰も、全体を見渡して統括している知性などないのですから、精巣が下降したほうがよい事態が生じたとき、どんどん下降し始めたのでしょう。ところが、膀胱の後ろを通らないで、前を通ることにしたので、輸精管が尿管にひっかかってしまった。それでも、進化のプロセスは、全部をご破算にして後戻りし、やり直すことなどできないのですから、そのまま進み続けます。そして、紆余曲折を経た結果、こんな奇妙な配管になったのでしょう。

　これは、確かに根本的な設計ミスだと思います。それでも、哺乳類の多くも、人類の祖先も、これでなんとかしのいでこられたので、設計の変更は進化しませんでした。実際、行きがかり上こうなってしまったものを、あとで全部取り替えるような遺伝的変異が生じてくるのは確率的にも少ないでしょうから、よほど致命的で淘汰圧が強く働かない限り、変更は難しいでしょう。淘汰圧は、繁殖年齢になる以前から繁殖期間中における、鼠径ヘルニアによる死亡率の高さです。どうも、それは低いようですね。

この例は、進化によるからだの適応が、決して万能ではないことをよく表しています。あらかじめの設計構想なしに盲目的に生じる自然の過程が、場当たり的に自然淘汰によって、一応はうまく働くものを生み出してきているのが、生物です。病気、からだの不具合というものの一部は、このような自然の設計上の「ミス」に起因しています。

私は、大学三年生のときに医学部の学生たちと一緒に人体解剖をやりました。そのときに、この輸精管の経路についても習いましたが、何か奇妙な配管だなとは思ったものの、「なぜ」こうなっているのだろう、などという疑問は持ちませんでした。ただ、ひたすらにこれを覚えただけです。そのときは、進化的に考えるなどという訓練があまりできていなかったからです。それだけではなくて、どうも人間は、

「こうなっています」と言われると、「そうですか」と受け入れてしまうことが多いのかもしれません。でも、ことさらに「なぜだろう?」と考えてみると、たいへんに興味深いことがわかります。

第3章◆生活習慣病

最近、いろいろな病気について、生活習慣病という名称が使われるようになりました。糖尿病、肥満、高血圧などをさします。それは、これらの病気の原因が、毎日の生活習慣にあるのだという認識がなされるようになったからです。糖分、脂肪、塩の取り過ぎ、運動不足などが原因で、肝臓や心臓の働きに不具合が起こるのですが、これらを治すには、特定の薬を飲むなどのことよりも、基本的に毎日の暮らし方を変えねばならないのだ、というところが、風邪や肺炎などとは異なります。

では、なぜ、カロリーの取り過ぎや運動不足は、いろいろな病気を引き起こすのでしょうか？　それがからだに悪いだろうということは直感的にわかりますが、では、なぜ私たちはそんなからだに悪いことをしてしまうのでしょう？　それを理解するには、私たちホモ・サピエンスが進化してきたときに、どんな暮らしをしていたのかを知らねばなりません。それは、前章でお話したサバンナ生活です。前章では、骨格について述べましたが、本章では、生理学的な面について見てみましょう。

狩猟採集生活

ホモ・エルガスターは、サバンナでの生活に適応し、現在の私たちと基本的に同じからだの形になっていました。彼らは東アフリカだけに住んでいましたが、その後に出てきたホモ・エレクトスは、アフリカ大陸を出て、ユーラシア大陸全土に広がりました。現在のエジプトのあたりから中近東を経て、ヨーロッパ方面、アジア方面に向かったようです。五〇万年前には、中国やインドネシアにも達していて、それぞれ、北京原人、ジャワ原人という呼び名で有名です。ホモ・エレクトスは、しかし、オーストラリア大陸と南北アメリカ大陸には進出しませんでした。

こうしてアフリカを出たホモ・エレクトスですが、ユーラシア大陸各地に住んでいた集団は、結局のところ絶滅しました。ですから、たとえば、北京原人がそのまま、今の中国人になったということはありません。ユーラシア各地に出て行った集団のサイズは非常に小さかったのでしょう。

そのころ、アフリカには、もともとのエレクトスの集団が残っていましたが、そこから、私たちホモ・サピエンスの祖先が再び現れます。今の私たちと同じ種と考えられるものは、およそ二〇万から一四万年前に出現しました。そうして、五万年ほど前に、もう一度アフリカから出て、全世界に広がったのです。今度は、オーストラリアや南北アメリカ大陸にも到達しました。

この、ホモ・エレクトス、ホモ・サピエンスの時代を通して、私たちの祖先は狩猟採集生活をしていました。つまり、動物を狩り、植物を集めて食べる生活です。自分で食料の生産はしません。自然にあるものを取ってきて食べる生活です。

農業と牧畜は、およそ一万年前に始まりました。それが世界中に広がり、文明が起こり、さらには科学技術による工業化社会になります。しかし、こんな変化は、ホモ・サピエンスの進化史で考えれば、最後の一万年で起こったことです。それ以前のホモ属の初めから数えれば、二五〇万年の歴史の中の二四九万年は、狩猟採集生活だったのです。ですから、私たちのからだの基本設計は、狩猟採集生活に合うようにできているのであり、最後の一万年に急速に起こった変化に合わせて、リアルタイムでそれについていくような変化は起きていません。このタイム・ラグからくる不具合が、生活習慣病を初めとするいろいろなものに現れているようです。

狩猟採集生活は、食料を生産、貯蔵することがなく、定住しない生活です。ここには、生活習慣という点で、大事なことが三つあります。一つは、毎日かなりの距離を歩く生活だということ、もう一つは、食べられるものはなんでも、かなりたくさんの種類の食物を食べるということ、三つ目は、食料が有り余ることはほとんどなく、摂取カロリーの面ではぎりぎりであることが多い、ということです。私たちのからだは、進化史の九九パーセント以上を、このような状態で暮らしてきたのです。

運　動

狩猟採集生活では、毎日どれほど運動するでしょうか？　まず、食料を得るために歩き回ります。動物の狩猟のためには、足跡など、動物がどこにいるのかを示す兆候を探し、それが見つかったら、追跡に入ります。目当ての動物が見つかると、それを追いかけ、仕留めます。これには、何時間もの歩行と走行が必要です。ときには一日中歩いていることもあります。獲物を見つけて接近するまでは、てくてくと歩き続けるのが主ですが、最後に仕留めるときになると、全力疾走も重要になります。

たいていの獲物は、シカやカモシカなどの有蹄類です。それを仕留めたあとは、解体し、肉を持って帰らねばなりません。狩猟採集生活は定住生活ではないので、ずっと一カ所に住み続けることはしませんが、しばらくの間、みんなが寝泊まりするベース・キャンプがあります。そこには炉があり、火を焚いてそこで調理をします。狩猟をするには、獲物を追って遠くまで行きますが、獲物が取れたあとには、このベース・キャンプに戻らねばなりません。大きな獲物が取れるのは嬉しいことですが、それを持って帰るのも自分の力が頼りです。

狩猟をするのは男性で、女性は植物食の採集に行きます。これにも、何時間もの歩行が必要です。動物の狩猟と違って植物は動きませんから、採集のためには、瞬発力の問われる走行はそれほど重要ではありません。

さて、植物性食物には、果実や葉、ナッツなど、そこにあるものをただ摘めばよいだけのものもありますが、地下茎、球根などのように、道具を使って掘り出さねばならないものもあります。これには、かなりの力と持久力が必要です。そして、肉と同様、採集したものを全部持って、キャンプに帰らねばなりません。それから、多くの女性には授乳中の赤ん坊がいるはずですから、食料の採集にはつねに、赤ん坊も運んで連れていくことになります。

狩猟採集生活における食料獲得作業とは、このようなものですが、彼らはどれほど働いているのでしょう？　狩猟は、かなりたいへんな作業ですが、毎日毎日狩猟をしているわけではありません。平均すると、一週間に三、四日を、このような狩猟活動に費やしているようです。獲物が取れるか取れないかは、かなり偶然に左右されます。植物食のほうはもっと確実に取れます。確実に取れる植物性食物は、毎日のカロリーを支える主食であるので、これは一週間に四、五日は必ず採集に行きます。

ベース・キャンプは、数日から数ヶ月で移動します。移動する理由は、キャンプから歩いていける範囲での食料獲得率が落ちてきたということもあれば、季節的に移動する動物を追ってということもあれば、他の人間のグループに会いたいから、または会いたくないから、ということもあります。いずれにせよ、移動するとなると、家財道具を一切合切自分たちで背負って出なければなりません。自動車なんて、ありませんから。

新しいキャンプの場所を決めると、そこにシェルターを作らねばなりません。雨風をしのぐ小屋を作り、薪を集め、火を焚いて、水も確保します。こういうことも全部自分でせねばならないのですから、かなりの運動ですね。

農耕と牧畜が始まると、世界の大部分では、狩猟採集生活をやめて定住生活になりました。そうなると、毎日毎日、食料獲得のために歩き回るということはなくなりますが、農作業や牧畜の労働のための運動はかなりのものです。石油や電気などの動力源がない時代の生産労働は、すべてが肉体労働ですから、人間とは、こうして常にかなりの運動をしながら暮らしてきたのです。

狩猟採集生活では、何を食べているのでしょう？　まず、狩猟で取る肉です。これは野生動物の肉ですから、彼ら自身、よく運動してかつかつの暮らしをしているので、脂肪の少ない堅い肉です。私は、以前、アフリカで調査をしていたときに、ハートビーストという野生のカモシカ類の肉を食べたことがありますが、まったく脂肪のない赤身の肉でした。

植物性の食物は、栽培をしていないので、穀類やトウモロコシがありません。果実、ナッツ、葉、地下茎、根茎、野生の瓜の仲間など、さまざまなものを集めます。現在の私たちのように、穀類や野菜を当然のように食べている生活からすると、栽培植物がない暮らし、とくに穀類のない暮らしというのは、ちょっと想像がつかないところがありますね。

このほかに、魚、貝類、昆虫も重要な食料です。それから、動物の肉を食べたあとの骨を割って得られる骨髄や、野生のミツバチのハチミツも、重要な食料です。もちろん、場所によって手に入る食物は異なりますから、どんな動物の肉を食べるか、どんな植物を常食とするかは、世界の地域によって大きく異なります。肉類と植物食との割合も、地域によって異なります。それでも、大事なことは、非常にたくさんの種類のものを食べているということです。

表3－1に、現在でも狩猟採集生活をしている世界の九つの集団について、食物の内容別の割合を示しました。これはおおまかな分け方ですから、毎日の食事の細かい内容までは示してありません。しかし、肉の摂取量がかなりあること、栽培植物のない環境でどんな植物食を食べるかは、地域によって大きく異なること、そして、たいへん運動量の多い生活である割には、総カロリー獲得量がかなり低いことがわかります。

現在でも狩猟採集をしている人々の生活が、ヒトの進化の歴史での狩猟採集生活と同じであったとは言えません。現在の狩猟採集民の生活も、時とともに変わってきたに違いないからです。それでも、農耕と牧畜をせず、定住生活をせずに、自然の恵みを手に入れて暮らす生活の基本が、このようなものであることは確かでしょう。さらに、石器時代の狩猟採集民には、現在のような塩も砂糖もありませんでした。

現在の狩猟採集民は、周辺の農耕民や牧畜民との交易によって、いくらか、自分たちが取る以外の食料や調味料などを手に入れています。**表3-1**にあげた人々は、そのような外部からの物資の流入が非常に少ない人々です。このような人々の健康状態を見ると、カロリーが少ないためにやせ気味ですが、驚くほどに健康です。生活習慣病やアルツハイマー病は、これらの狩猟採集民の間では見られません。

農耕の始まりから現代社会へ

一万年ほど前、中近東のどこかで、小麦、大麦などの栽培が始まり、農耕が始まりました。中国では米が栽培化されました。それによって、人類の食生活は劇的に変化しました。なんと言っても、摂取できるカロリーが格段に増えたのです。小麦も米も炭水化物が豊富に含まれた種子であり、それを貯蔵しておくことができます。そうすれば、一年中、カロリーだけは確保することができます。そう、カロリーだけは。

ここが農耕の落とし穴で、農耕が始まると、穀類が常時食べられることによって

1 人当たり1 日の摂取重量（g）

狩猟採集民	肉	根茎	種子ナッツ	果実	その他の植物	無脊椎動物	人々の居住地
オンゲ	590	210	0	0	0	10	アンダマン諸島（インド洋）
アンバラ	580	70	0	150	0	1010	オーストラリア
アーネム	1340	430	0	10	0	90	オーストラリア
アチェ	1360	0	0	610	960	110	パラグアイ
ヌカク	620	0	0	860	0	350	コロンビア
ヒウィ	970	440	0	290	40	20	オーストラリア
!クン	260	150	210	150	0	0	カラハリ砂漠、南アフリカ
グィ	300	400	0	400	0	0	カラハリ砂漠、南アフリカ
ハザ	1100	1620	0	540	0	240	タンザニア

1人当たり1日の摂取カロリー（kcal）

狩猟採集民	肉	根茎	種子ナッツ	果実	その他の植物	無脊椎動物	総量
オンゲ	980	242	0	0	0	20	1243
アンバラ	822	93	0	44	0	127	1085
アーネム	1821	456	0	10	3	67	2357
アチェ	2126	0	0	22	255	308	2712
ヌカク	764	0	0	747	0	375	1886
ヒウィ	1350	268	0	82	36	57	1793
!クン	690	150	1365	150	0	0	2355
グウィ	417	600	0	600	0	0	1617
ハザ	1940	1214	0	621	0	255	4030

【表3-1】　現代の狩猟採集民の食物内容
Kaplan, Hill, Lancaster and Hurtado (2000)より作成。

摂取カロリーは増えるのですが、栄養バランスが悪くなりました。小麦や米など、炭水化物のものばかり食べるからです。このことは、古代の骨にも残されています。農耕民と狩猟採集民の骨を比べると、農耕民の骨には、さまざまな栄養失調の兆候が見つかるのです。しかし、摂取カロリーが増えた結果、人口は増えるようになりました。

今の私たちの生活では、米や小麦などの穀物がないことなど考えられません。まさに、お米のほうを「主食」と呼ぶことからも明らかなように、農耕以後の食事では、食べ物と言えば穀類なのです。穀類の主成分は炭水化物であり、これこそが、すぐに燃やすことのできるカロリー源ですから、穀類を食べることによって、摂取カロリー量はたいへん増えました。狩猟採集生活で食べる植物性食物で、これほど炭水化物の含有量の多いものは、おそらくないでしょう。農耕によって、人類は、圧倒的に多くの炭水化物を摂取するようになったのです。

三つの基本栄養素

ヒトのからだを支えている基本の栄養素には、タンパク質、炭水化物、脂肪の三つがあります。タンパク質は、からだを作る基本の物質です。筋肉ばかりでなく、さまざまな酵素などもみなタンパク質でできており、からだ作りの「素材」として、タンパク質はたいへん重要です。逆に、タンパク質は、燃やされてエネルギーになるということは、ほとんどありません。

炭水化物とは、デンプンや糖のこと。先ほど述べた通り、これは、おもに燃やされてヒトの活動のエネルギーとなります。脂肪の役割は、この二つにまたがっています。細胞やホルモンなど、からだ作りの「素材」ともなれば、燃やされてエネルギーともなります。

タンパク質は、必要な量がだいたいにおいて決まっていて、それ以上食べたとしても、結局のところ、分解されて排出されてしまいます。しかし、炭水化物と脂肪を取りすぎて余った分は、そのまま排出されることなく、体内に蓄積されます。余剰の炭水化物は、一部が、グリコーゲンとなって肝臓その他に蓄積され、あとは脂肪酸となって体内に蓄積されます。脂肪の余剰も、脂肪酸として蓄積されます。つまり、肥満の原因は、余剰の炭水化物と脂肪が、体内に徐々に蓄積されていくことなのです。

余剰の炭水化物や脂肪は、なぜ適度に体外に排出されないのでしょうか？　肥満の原因が体内に余分な脂肪がたまることであり、それが、心臓病や糖尿病、高血圧を初めとするさまざまな病気を引き起こしています。いろいろな病気にわずらわされることなく、長生きしたいならば、肥満はできれば避けたいものです。しかし、それはなかなかできません。第一、炭水化物と脂肪は、本当においしいではないですか。甘いものはおいしいし、肉は肉でも、脂肪がのった肉のほうが、脂肪のない硬い肉よりも口当たりがよくておいしいものです。こんなものが大量にあれば、それは、ついつい食べてしまうでしょう。だから、ダイエットは難しいのです。

長期的モニターの欠如

ヒトを初めとする動物の脳には、摂食中枢というところがあります。ここが、食事をして満腹になったかどうかを感知して、摂食行動を制御しています。食事をすると、エネルギー源である炭水化物や脂肪が体内に入り、血糖値が上がります。それが一定の値に達すると、「もう満腹」というサインが摂食中枢から出され、食べるのをやめます。一方、時間がたって血糖値がだんだん減少し、エネルギーとして使える原料がなくなってくると、「おなかがすいた」というサインが出され、摂食行動を始めます。このような仕組みがあるために、動物は、適度に食事をとり続けていくことができます。

ですから、毎食を見ると、確かに満腹になれば食べるのを辞めるようにできています。しかし、長い目で見たときに、どれほど炭水化物と脂肪を取りすぎてきたか、それらの余剰がどれほど皮下脂肪、内臓脂肪として蓄積されてきたかをモニターし、「ちょっとセーブしましょう」というサインを出す仕組みは、ないのです。どんなに余剰の蓄積があろうと、やはり、甘い物はおいしくて、その誘惑に打ち勝つのは、容易なことではありません。

なぜ、こんなことになっているのでしょうか？　なぜ、長期的に蓄積されてきた余剰をモニターして、ストップさせる仕組みがないのでしょう？　それは、進化でできた適応の限界です。ホモ・サピエンスの進化を通じて、いや、ホモ・エレクトスから、いや、それを言えば、動物の進化の全歴史を通じて、甘い物や脂肪がいくらでもあって、食べたいだけ食べられるなどという状況は、ごく最近の人間社会になるまで、一度もなかったのです。一度もなかった事態に対する歯止めの仕組みは、進化で作ろうにも作ることは不可能です。

サバンナでの狩猟採集民としてのヒトの暮らしを思い浮かべてみましょう。ヒトは、すぐに燃やせるエネルギー源として、炭水化物（とくに糖）や脂肪を必要としています。もちろん、タンパク質も必要ですが、「すぐに燃やせる」という意味で、糖分の意味は重要です。一方、食料として手に入る物は、野生の動物と植物であり、どれも、脂肪や糖分が豊富にあるとは言えません。だからこそ、ごく稀にしか出会うことのない糖分や脂肪に出会ったときには、それはたいへんにおいしいものであり、「できるだけたくさん食べろ」というサインが、脳から出たことでしょう。

それでも、一回の食事で処理できる量は限られていますから、やがては満腹になります。しかし、進化史の中でホモ・サピエンスが遭遇してきた状況では、毎回、毎回、有り余るほどの糖分や脂肪が手近にある、などという事態は存在しませんでした。そこで、進化で作られたヒトのからだの適応の中には、「長期的な取りすぎに対して歯止めをかける」という仕組みは、作りようがなかったのです。

糖分について考えてみましょう。日本では、平安時代あたりから、和菓子の伝統は始まっているようですが、甘い物を作るのは贅沢でした。江戸時代ぐらいになると、各地の名物のお饅頭などができますが、そんなものを口にすることができたのは、一部の特権階級や金持ちたちです。脂肪のほうはどうかと言えば、たとえば、天ぷらなどという料理は、江戸や明治、大正を通じても、庶民の間では贅沢でした。

ヨーロッパも同じで、奴隷貿易と植民地経営によって、ヨーロッパ社会にある程度大量の砂糖が出回るようになったのは、やっと一八世紀になってからのようです。それでも当時の砂糖は貴重品であり、ルソーやヴォルテールも、ちびちびとけちをしながら砂糖を味わっていました。ウィーンのお菓子などは有名ですが、ずっと、ほんの一部の人々にしか手に入らない贅沢品だったのです。

それを言えば、現在でも、砂糖が安くてふんだんに手に入るものであるのは、先進国だけかもしれません。もうずいぶん前にはなりますが、私がアフリカの僻地で調査をしていたときには、現地のアフリカ人たちにとって、砂糖はやはり貴重品でした。そうなものですから、彼らが私たちの家にお茶を飲みに来たときには、一杯の紅茶に砂糖をスプーンに山盛り六杯も七杯もいれていたものです。現地に着いたばかりで、そんなことをまだ知らなかったとき、アフリカ人は甘い紅茶が好きだとは聞いていたので、スプーンに三杯いれて「どうぞ」とすすめたところ、「砂糖が全く入っていない!」と言われたのには驚いたものです。

最近の食料事情と運動事情

今や、先進国ではどうでしょう? 砂糖は、安くて、いつでもどこでもふんだんに手に入ります。自分でお砂糖をいれなくても、外で買う食品のほとんどには砂糖が入っているのではないでしょうか? お砂糖が貴重品で、なかなか手に入れることのできないものだったなどとは、もはや想像がつかないくらいです。

家畜の肉も、人々の好みに応じてどんどん脂肪を増やすように育てられてきました。日本の「霜降り肉」というのは、世界の傑作だと思いますが、こんなに脂肪の多い肉は、自然界にはありません。

アイスクリームなどという食品も、原始時代の石器人からすれば、夢のような食品ではないでしょうか？　糖分と脂肪とが両方ともたくさん含まれていて、しかも冷たいのですから！　確かに、こんな食品は、自然界にはあり得ません。

このようにして見ていくと、この五〇年、一〇〇年での先進国での食料事情の急激な変化は、驚くべきことだとわかります。二五〇〇万年のホモ属の全歴史にわたって、さらに哺乳類の六五〇〇万年の歴史にわたって、エネルギー源である糖と脂肪が、黙っていても有り余るほど手に入るという事態は、この五〇年ほどの先進国という特殊状況以外、一度もなかったのでしょう。というわけで、先進国の人間が摂取できる炭水化物（糖）と脂肪の量は激増しました。

もう一つの問題は、運動の量です。どれほどの余剰エネルギーが蓄積されるかということは、インプットである摂食量だけでなく、アウトプットである運動量とインプットとの関係で決まります。ここまでは、インプットが増えたことについて述べました。では、アウトプットのほうはどうでしょう？　これがまた、現代の先進国の生活では、激減しています。自動車を使うこと、階段ではなくて、エレベーターやエスカレーターを使うこと、事務仕事ですわり続けること、さまざまな労働が電化されたこと、などから、現代人の運動量はどんどん減りました。最近のある調査によると、現在のアメリカ人の七〇パーセント以上が、まああの運動を一日にたった三〇分以下しかしていないそうです。これでも十分に暮らしていけるなどという事態は、これも大昔からあり得ないことでした。

こう考えてくると、最近の五〇年ほどの間に起こった先進国での生活様式が、いかに「不自然」であるかがわかります。飛行機に乗って空を飛んで移動する、電気をつけて夜中まで仕事をするなど、現代文明の私たちは、不自然なことをたくさん行っていますが、ほとんど運動をせずに、炭水化物と脂肪を大量に食べる、というのも、不自然な行いの代表と言ってよいでしょう。生活習慣病と呼ばれる病気は、このからだが進化してきた舞台での生活様式と、現代での生活様式とのミスマッチから生じる病気なのです。

「節約遺伝子」

石器時代の生活がどんなものだったかを考えると、さらに進んで、一つの仮説が考えられます。それは、もしも、ホモ・サピエンスの長い歴史を通じて、食料がふんだんにあるなどということはほとんどなく、それどころか、しばしば食料欠乏状態に遭遇したのであれば、ヒトのゲノム（遺伝子のすべての情報）には、ことさらに、食料欠乏に適応した遺伝子があるのではないか、ということです。つまり、食料があまりないときに、できるだけエネルギーをセーブし、乏しいエネルギー源から最大限のエネルギーを引き出せるようにさせる遺伝子です。それは、「節約遺伝子」と呼ばれています。

この考えを最初に提出したのは、アメリカの有名な人類学者のジェームス・ニールでした。一九六二年のことです。節約遺伝子は、たった一つの遺伝子ではありません。糖と脂肪の代謝、筋肉や肝臓などに蓄えられたグリコーゲンの使い方、飢餓に対する反応など、広く生理的なプロセスを制御するものですから、いくつもの遺伝子がかかわっているでしょう。そういう意味では、「節約遺伝子」ではなくて、「節約遺伝子型」と言ったほうが適当だと思われます。

節約遺伝子型の人は、食料欠乏に対して強いのですから、たまたま食料がたくさんあれば、節約遺伝子型でない人よりもずっと効率的に、脂肪を蓄えることができるはずです。少ない食料でも、普段から効率よくエネルギーを抽出することができ、たくさんあれば、大量に貯めておくことができれば、やがて必ずやってくる食料欠乏の時に有利となるでしょう。

さて、そのような節約遺伝子型の人が、現代生活の中に置かれ、いつでも食料がふんだんにあって、欠乏などまったく経験しなくなったら、どうなるでしょう？節約型でない人たちよりもずっと効率よくエネルギーを摂取したり、脂肪を蓄えたりするのですから、きっと、肥満や糖尿病になりやすくなるはずです。現代の先進国の社会で問題になっている生活習慣病の一部は、食料がふんだんにあるという環境要因だけのせいではなくて、ヒトの進化の結果、節約遺伝子型の人が少なからず存在するからなのではないか、というのが、「節約遺伝子」の仮説です。

たとえば、アメリカ先住民の人たちや、ポリネシア、ミクロネシアなど、太平洋の島々の人たちの間では、近年になって肥満や糖尿病が驚くほど急速に増えました。とくに、糖尿病の中でも、二型と呼ばれているものが非常に多くなっています。

糖尿病にはⅠ型とⅡ型の二種類があります。Ⅰ型は、構造的にインシュリンの分泌がうまくいかず、血糖値が上がってしまうのですが、Ⅱ型はそうではありません。

インシュリンは作れるのに、血糖値の制御がうまくいかず、高くなってしまうのです。これには遺伝的背景があり、また、肥満その他の状態とも相関しています。このⅡ型の糖尿病が、節約遺伝子型と関係あるのではないかと考えられています。

ニールの説は、この現象の説明として、最近になって大量に安価なジャンクフードが出回るようになったという環境要因と、この人たちの間に、とくに節約遺伝子型が多いのではないかという遺伝的要因との相互作用を考えたわけです。

人類の進化史における飢饉の頻度

この仮説は、正しいのでしょうか？　まだ、はっきりとはわかりません。節約遺伝子は一つではないと言いましたが、「これが節約遺伝子だ」というものは、見つかっていません。β3-アドレナリン受容体の遺伝的変異が、肥満になりやすいかどうかにかかわっているという報告などがありますが、節約遺伝子はどれかということには、まだ、誰もが納得のいく証拠はないのが現状です。

それでは、節約遺伝子仮説が考えているように、人類は進化の歴史で本当にたびたび飢饉に見舞われたのでしょうか？　節約遺伝子仮説をとる研究者は、ポリネシアやミクロネシアなどの太平洋諸島に拡散した人々は、現代の海洋遭難の事例などから推測して、何千年も前に粗末な船で太平洋に乗り出した人々が、無事に島々にたどり着ける確率は非常に低く、現在のようにいろいろな島々に人々が住み着くまでには、何人もの遭難者、餓死者があったはずだと考えます。だから、彼らの間には、節約遺伝子型の頻度が非常に高いに違いないという議論です。

一方、節約遺伝子仮説に懐疑的な研究者は、ポリネシアやミクロネシアの人々の歴史に、それほどの飢饉はなかったと主張しています。彼らが数千年の間に、何千という島々に拡散できたのは、彼らの航海術が非常に優れていたからで、遭難なんかせずに易々とたどり着けたのだという議論です。どちらも推測であり、決定的な証拠はありません。

では、太平洋諸島やアメリカ先住民に限らず、人類全体として見たとき、飢饉はどれほどの頻度であったのでしょうか？　狩猟採集民たちは、どれほどの頻度で食料欠乏に遭遇したのでしょう？　これも推定するのは難しいのですが、現在の狩猟採集民を見る限り、獲物が取れないときというのは、確実にあります。それほど大規模な飢饉というものではありませんが、かなり厳しい状態の時期が数週間続くことがある、というのは事実です。ですから、こういうときに長持ちするか、しないか、ということに遺伝的変異があれば、それは自然淘汰がかかったでしょう。

農耕の発明以後はどうでしょうか？ 農耕をしていれば食料の蓄積ができるので、飢饉には遭わないかと言えば、そんなことはありません。定住生活で農業生産が上がるようになると人口が増えます。そこで、天候の不順や大災害があると、あてにしていた収穫が全滅し、一挙に飢饉になります。ヨーロッパの歴史などを見ると、大小とり混ぜて、このような飢饉は五、六〇年に一度はあったのではないかと考えられています。すると、二世代に一度ぐらいの頻度です。確かに、飢饉は、人類の進化史で、ヒトのゲノムを変えるほどの大きな淘汰圧であった可能性はあります。

これまでの研究をまとめると、節約遺伝子仮説は、まだ決定的な証拠はないと言えるでしょう。近年急激に肥満や二型の糖尿病が増えてきたことの一因が、ヒトの遺伝子の中にもあるのかどうかは、ニールの仮説提出から四〇年以上たったものの、まだよくわかりません。しかし、遺伝的原因があるにせよ、ないにせよ、環境が劇的に変わったのは事実です。私たちが、よかれと思って成し遂げてきた文明の発達が、私たち自身を苦しめているのですが、生活習慣病を予防するには、糖分と脂肪を取りすぎない、なるべく運動をする、という意志の力に頼るほかないようです。

第4章◆感染症との絶えざる闘い

ウィルスや細菌などが私たちのからだに取り付くことで起こる病気を、感染症といいます。エイズ、インフルエンザ、はしかなどはウィルスによる感染症で、結核、赤痢、コレラなどは細菌による感染症です。また、ウィルスや細菌よりはずっと大きい動物である寄生虫が、からだに取り付くこともあります。カイチュウやサナダムシなどがそうです。ウィルスや細菌は目に見えない微生物で、病原体と呼ばれることもあります。

これらは、別の生物が私たちに寄生することによって起こる病気で、寄生された人から、まだ寄生されていない人へと感染していきます。これまでに取り上げた、腰痛や生活習慣病などは、私たちのからだの基本設計にかかわる問題でしたが、病気と言われるものの多くは感染症です。本章では、感染症がなぜあるのか、ヒトは感染症とどのように関わってきたのかについて考えてみましょう。

寄生者と宿主の関係

ウィルスとは、自らが増えるための遺伝情報であるDNAまたはRNAがカプセルでくるまれただけのもので、自分の力で増えることはできません（図4-1）。細胞というものは、外から物質とエネルギーを取り入れて代謝を行い、自ら増えていくことができますが、ウィルスは、そういう細胞に取り付いて、その細胞の増殖装置を借りることによって、初めて増えることのできる存在です。ですから、ウィルスを生物に入れてよいのかどうかで議論が起こります。

ウィルスは、非常に単純な存在なので、まともな細胞などの生命ができる以前の、原始的な生命の形なのだと考えられていたこともありました。しかし、どうもそうではないようです。ウィルスは、自ら代謝して増殖する装置を備えた生命が出現したあとで、何もかもを無くして単純化し、まともな生命を搾取することによって存

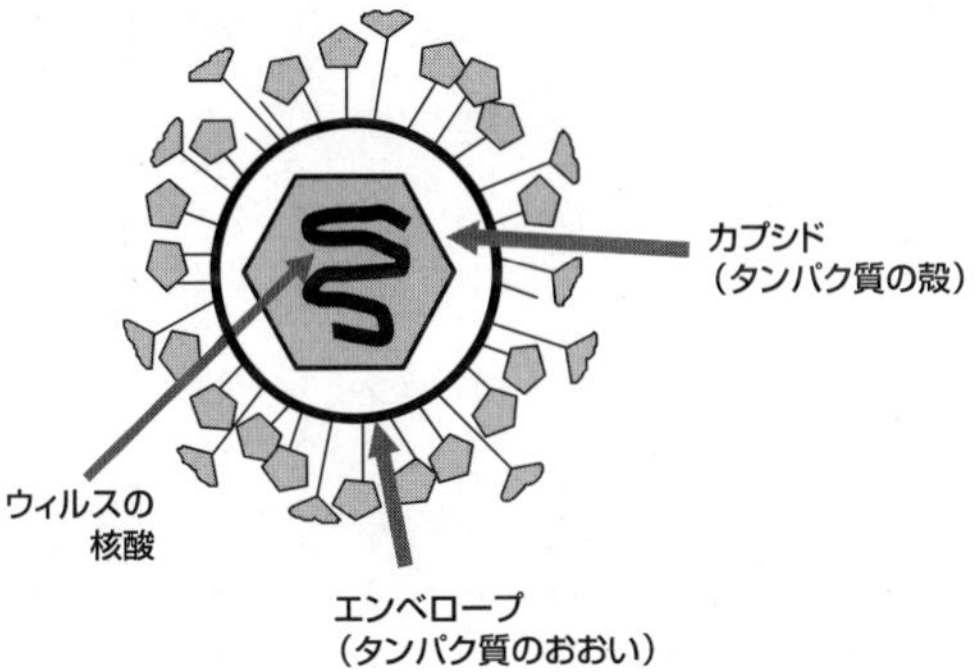

ウィルスの核酸はDNAまたはRNA

それを取り囲むカプシドと呼ばれるタンパク質がある。

そのまわりにさらに、エンベロープと呼ばれるタンパク質のおおいを持つものもある。

大きさは数10から数100nmで細菌類の100から1000分の1

【図4-1】 ウィルスの構造と大きさ

続していくように進化したのだと考えられています。

このような生活様式ですので、ウィルスは、どこかの細胞の中に入り込まなければ増えることができません。細胞の中に入って増えたあとでは、また、その細胞の外に出て、新たな宿主を見つけねばなりません。それができないときには、ウィルスは、死ぬか、または堅い殻にこもって生き延びるかします。

細菌は、単細胞ですが、ちゃんと自分で物質とエネルギーを外から取り入れて代謝を行い、自ら増えることのできる、れっきとした生物です。細菌類の多くは、寄生者ではなく、地面の中、水の中などいろいろな環境に単独で暮らしています。

細菌類の一部は、他の生物の体内で暮らす寄生者の道をとりました。それでも、そういう細菌類のすべてが病原体ではありません。大腸菌を初めとする多くの細菌は、ヒトの腸内に住み着いて、互いによい関係を築きあっている共生細菌です。

ところが、ヒトに取り付いてそこから栄養を搾取して病気を引き起こすものがあります。これが病原菌です。病原菌は、一人の人に感染しているだけでは、それ以上増えることができません。そこで、次の犠牲者を見つけて乗り移らねばならないのですが、それをする方法が、さまざまな症状を引き起こすことです。くしゃみをして飛沫を飛ばす、下痢をする、水疱ができてつぶれる、などの感染症の症状は、からだの方が異物を外に出そうとする反応であるとともに、病原菌が宿主の外に出て、新たな宿主に取り付くための手段でもあるのです。

人類の歴史と病原体の進化

昨今の世界では、鳥インフルエンザや、SARS、エボラ、そしてHIVなど、新たに出現したウィルスの脅威が問題になっています。鳥インフルエンザの新型ウィルスが出現したら、たいへんなことになるかもしれないので、これは本当に深刻な問題です。では、なぜ、新型ウィルスなどというものが出現してくるのでしょうか？　最近の世の中では、とくに新型ウィルスの発生が多くなっているのでしょうか？

第二章で述べたように、人類はアフリカで進化し、およそ一八〇万年前に、ホモ・エレクトスが最初にアフリカを出て旧大陸全体に広がりました。しかし、このホモ・エレクトスはその後全滅し、アフリカでホモ・サピエンスがまた新たに進化し、二度目の出アフリカを果たしました。これが、五万年ほど前のことです。

ホモ・エレクトスは、南北アメリカ大陸には到達しませんでしたが、サピエンスは行きました。それは、およそ一万五〇〇〇年前、ベーリング海峡の水位が下がって、陸続きになった時代だと考えられています。シベリア地方に住んでいたアジア人の一部が、ベーリング海峡からカナダに渡り、さらに南下して、現在のアメリカ合衆国に広がり、さらに南下して、メキシコ、中米経由、南アメリカ大陸に達しました。そして、最終的には、チリの最南端、ティエラ・デル・フェゴにまで分布するようになりました。結局、この全行程をとぼとぼと歩いて南北アメリカ大陸全土に広がっていったのですね。これが、アメリカ先住民の人々です（**図4-2**）。

一方、旧大陸では、およそ一万年前に、農耕と牧畜が始まりました。それは、中近東であったと考えられていますが、それによって定住生活が始まり、メソポタミア、エジプト、インド、中国などに文明が起こります。そして、食物の余剰生産によって人口が増加し、都市ができていきます。農耕と牧畜が人類の食生活にどのような変化を引き起こしたかについては、前章で検討しました。農耕と牧畜がもたらした、もう一つの大きな変化が、ヒトどうし、および、ヒトと他の動物、つまり、

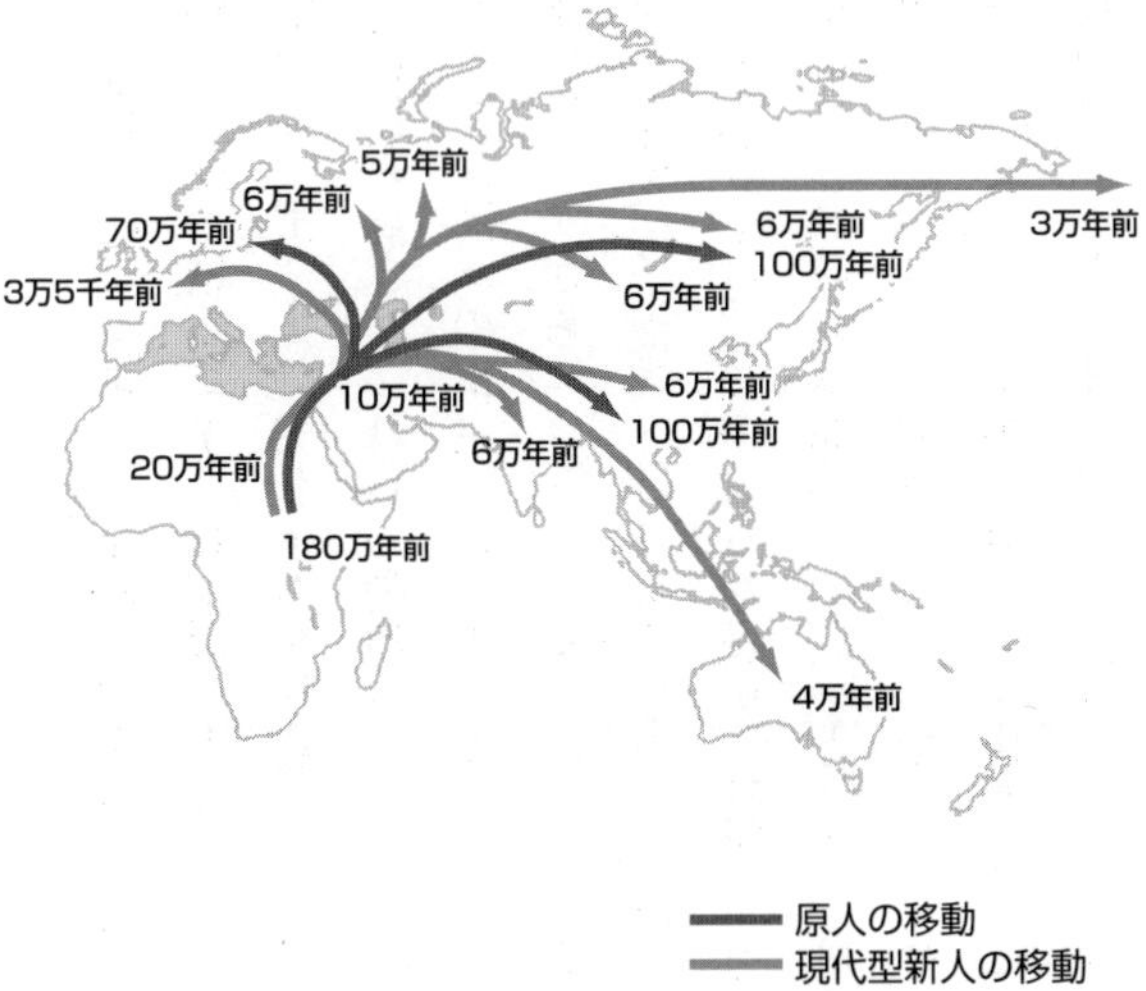

【図4-2】　出アフリカの経路と年代

人類はアフリカで誕生し、ホモ・エレクトスのときに、一度アフリカを出て旧世界に広がった。そのときのエレクトスは結局は絶滅し、ホモ・サピエンスになってから、再びアフリカを出た。今度は、3万から1万5千年前に新大陸にも広がった。

ウシ、ブタ、ヤギ、ヒツジ、ニワトリ、カモ、イヌなどとが密接に接触するようになったことです。

定住生活になって都市が起こるようになると、人口密度が高くなります。つまり、ヒトとヒトとの接触の頻度が増えます。牧畜は、ウシ、ブタ、ニワトリなどの家畜とヒトとの接触を増やします。また、農産物を貯蔵すると、それを食べに来るネズミなどが人家の周辺に住み着き、これらの動物とヒトとの接触の機会も増えます。

こうなると、それまでは別々の宿主にいたウィルスや細菌が、ブタからヒト、ニワトリからヒト、またはブタからニワトリのように、異なる宿主へと移る機会が増えます。そこで、新たな遺伝子構成を持つようになった新しいウィルスが生まれるようになりました。旧大陸では、このような歴史の結果、さまざまな病気が進化しました。人類の歴史は、これらの病原体との闘いと共生の歴史なのです。

それでは、新世界、南北アメリカ大陸ではどうでしょう？　およそ一万五〇〇〇年前に人々が移住を始めたわけですが、南北アメリカ大陸には、家畜になる動物がいませんでした。動物は、どんな動物でも家畜にできるわけではありません。餌が手に入りやすく、集団で飼うことができ、人間の指示に従う性質がもともとなければば、家畜にはなりません。ウシやウマ、ヒツジ、ヤギ、イヌなどは、もともとそういう性質を持っていたために、旧世界で家畜化に成功したのです。

しかし、南北アメリカ大陸には、このような性質をあわせ持った動物がいませんでした。バク、リャマ、アルパカ、カピバラなどはどれも、家畜に向いていません。このことは、この地における文明の行く末に大きな影響を与えました。また、新大陸では、小麦や米のような、栽培植物に向いた植物もありませんでした。新大陸で栽培化されたのはトウモロコシです。これはこれなりに、いろいろなトウモロコシの食品ができたのですが、小麦、大麦、米のようには大量に生産、蓄積することができず、その結果、旧大陸ほどには人口が増加しませんでした。

新大陸にも、マヤ、アステカ、インカのような文明が興りましたが、そこでは、家畜を使った運搬や労働もなく、全体的に見れば、人口増加もそれほどではありませんでした。そこで、新大陸の先住民たちの間では、旧大陸の人間たちが経験しなければならなかったような病原体との闘いが、あまりなかったのです。

はしか

子どもの頃に誰もがかかる病気として、よく知られているものの一つにはしか（麻疹）があります。一歳から六歳の子どもがもっともかかりやすい病気です。くしゃみや鼻水が出て、熱が出て、初めは風邪のような症状ですが、そのうちに赤いぶつぶつができてきて、はしかだとわかります。空気感染で急速に広がるので、保育園や幼稚園で誰かがかかると、みんなが次々にかかります。治ったあとは免疫ができるので、もう二度とかかりません。

私は、ごく小さい頃にかかったはずなのですが、なぜか、小学校五年生のときに、またかかりました。お医者さんは、初めはなんだかわからなくて困っていましたが、やがて、赤いぼつぼつが出てきて、はしかだとわかりました。はしかにはもうすでにかかっていて、免疫があるからかかりっこないと思っていたものですから、みなびっくりしました。

はしかは、パラミクソウィルスというＲＮＡウィルスによって引き起こされます（**図４－３**）。このウィルスと近縁なのが、イヌのジステンパーという病気のウィル

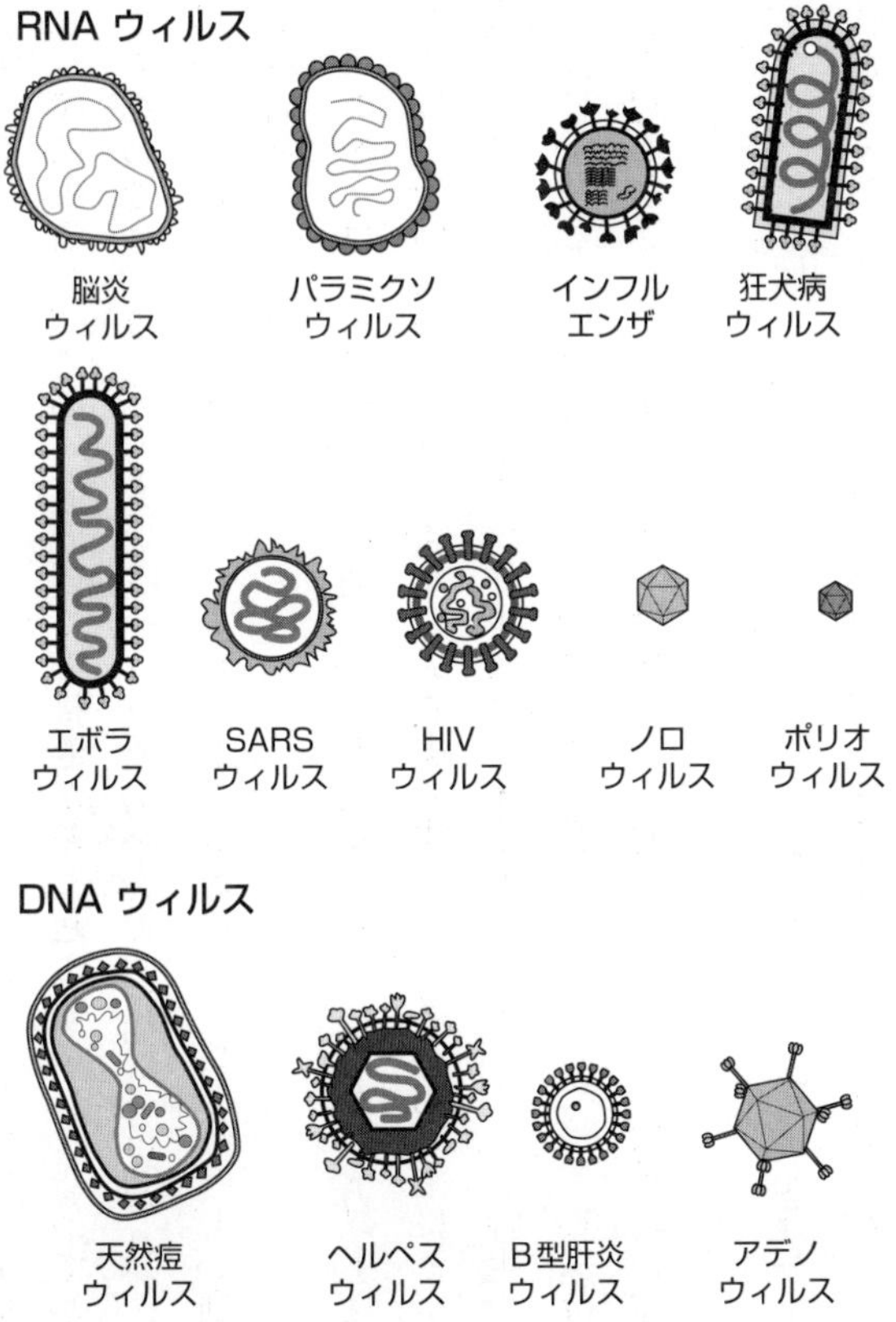

【図4-3】 いろいろいなウィルス

スと、家畜のリンダーペストという病気のウィルスです。どの病気もみな、上気道の感染から始まります。つまり、はしかのウィルスは旧世界起源で、人間が家畜やイヌと一緒に生活し、この三者の間での接触が多く起こるようになってから生じたウィルスなのです。はしかなど、今では当然の子どもの病気と思われていますが、何千年か前には、今の鳥インフルエンザやＳＡＲＳのように、恐ろしい新型ウィルスによる病気だったのです。

ジステンパーは、子犬がかかる病気で、死亡率が五〇パーセント以上にもなります。今では、予防接種がありますから大丈夫ですが、イヌの飼い主にとっては恐ろしい病気です。ジステンパーのウィルスは、オオカミ、キツネなど野生のイヌ科の動物の間に常在しているようです。野生のイヌ科動物に対しては、普通は病気の症状を引き起こさないのですが、弱った個体や、飼い犬の子犬では激しい症状が出ます。

リンダーペストは、家畜がかかり、かかると急速に広がって、九五パーセントもの個体が死んでしまうため、昔から牧畜家の間で恐れられてきました。このウィルスは野生の有蹄類の間にも存在し、同じような激しい症状を起こします。

ヒトのはしかのウィルスは、おそらく紀元前の西アジア地方で、家畜とイヌとヒトとが一緒に暮らすようになってから生じたと考えられます。それが、人々の移動とともに、ユーラシア大陸、アフリカ大陸の隅々にまで広がったのでしょう。

イヌと家畜では、激しい症状が起こり、死亡率の高い病気です。これが最初にヒトのはしかウィルスになったときには、同じように劇症の病気だったと考えられます。その証拠が、コロンブスのアメリカ大陸発見以後に起こった歴史的事実の中にあります。

先に述べたように、南北アメリカ大陸には家畜がいませんでしたから、はしかも存在しませんでした。それが、一六世紀にヨーロッパ人がやってきて、初めて、彼らとともにはしかが持ち込まれました。そこでアメリカ先住民たちの間にはしかが野火のように広がったのですが、それはひどい劇症をもたらし、先住民の大量死亡をもたらしました。マヤやアステカの文明が、スペイン人によってなぜあんなに早く滅ぼされてしまったのか、その理由はいくつもありますが、はしかの流行によって多くの先住民たちが死亡したことは、間違いなく滅亡の大きな理由の一つです。

このように、最初にはしかにさらされた集団では、はしかは高い死亡率をもたらしますが、現在のはしかは、一過性ですぐ治り、死ぬことはないマイルドな病気です。ヒトのはしかのウィルスがいつごろ生じたのか、正確なところはわかりませんが、何千年というヒトとの共存の間に、はしかウィルスは毒性を和らげる方向に進化したのです。

おたふくかぜ

おたふくかぜも、おもに子どもがかかる急性伝染病です。このウィルスも上気道に感染します。耳下腺が腫れて特有の「おたふくさん」のような顔になるので、この名前があります。五歳から一五歳の間にかかるのがもっとも多いということですが、私は、これまた普通とは違って、二三歳のときにかかりました。大学院の入試の直前だったので、たいへん困ったものです。

おたふくかぜも、パラミクソウィルスというRNAウィルスによって引き起こされます。このウィルスと近縁なウィルスには、鳥に感染するものがあり、それはニワトリのニューカッスル病というのを引き起こします。この病気も上気道感染から始まり、腸や神経系に広がります。養鶏場でこの病気がはやると、多くの鳥たちに感染し、その多くが死んでしまいます。このパラミクソウィルスは、野生の鳥たちの間に常在しているようです。

そこで、おたふくかぜのウィルスも、ヒトとニワトリとの接触によって生じたものだと考えられます。古代ギリシャの医学の祖と言われるヒポクラテスが、おたふくかぜの症状について記述しているので、少なくとも紀元前五世紀の地中海地方には、すでにおたふくかぜがありました。家禽を人家の近くで大量に飼うようになってから進化したのですから、起源は、おそらく西アジアのどこかでしょう。

インフルエンザ

インフルエンザは、毎年冬に流行があり、社会を騒がせる病気です。通常は、それほど重篤な症状は起こさず、だいたい一〇日以内には治ります。しかし、新しいタイプのインフルエンザウィルスが出てくると、激しい症状を起こすことになり、ワクチンなどを用意する必要が出てきます。現在、世界各地での鳥インフルエンザの流行があり、そこからヒトに感染する新型インフルエンザの出現が危惧されています。

インフルエンザウィルスもRNAウィルスで、その起源は鳥です。野生の鳥の間にこのウィルスは常在しており、普段は何も症状を起こしません。つまり、鳥たちとインフルエンザウィルスとは長らく共存してきたのです。それが、鳥とブタを一緒に飼うことから、鳥のウィルスの一部がブタに感染しました。そしてさらにヒトに感染するようになったのが、ヒトのインフルエンザウィルスです。

ヒトのインフルエンザウィルスがいつごろ出現したのかは、よくわかりませんが、進化が起こった場所は、古くから鳥とブタを一緒に飼う風習のあった中国南部だろうと言われています。私は、数年前、カンボジアの田園地帯を旅行したとき、まさに、鳥とブタが一緒に飼われているところを見ました（図4-4）。こういう生活を何千年と続けてきた間には、動物からヒトへのウィルス感染が起こるだろうと実感したものです。

インフルエンザのウィルスには、A型、B型、C型の三種類があります。どれも共通祖先から分かれたものですが、B型とC型はA型よりも古く、今ではほとんど

【図4-4】　ブタとニワトリを一緒に飼育しているところ
カンボジア、レアム国立公園内にて（2006 年 3 月、撮影：長谷川眞理子）

ヒトだけに感染します。C型がもっとも古いと言われています。ヒトとの共存の長い歴史の結果、もうあまり変異することもなく、毎冬の流行を繰り返すことでヒトの集団の中に存在し続けています。このタイプのウィルスが引き起こす症状は、それほど重篤ではありません。

怖いのはA型です。これはもっとも最近になってヒトの集団に入ってきたものです。めまぐるしく変異を起こし、今でも、ヒト、鳥、ブタなど、種を越えて感染して、新しいサブタイプを作り出していきます。すべてのサブタイプが野生の水鳥のあいだで見られており、旧世界のものと新世界のものとに、多少の違いがあります。野生の水鳥たちが渡りをするとともに、世界中にウィルスが広がっていきます。

野生の鳥の間に常在しているA型ウィルスは、鳥たちには何も症状を引き起こさないのが普通だったのですが、最近、鳥たちに劇症を起こして殺してしまうものが現れました。これがヒトにも感染するようになると非常に恐ろしいことになるので、世界保健機構（WHO）などが神経を尖らせています。

寄生者と宿主の進化的軍拡競争

以上に、いくつかのウィルスとヒトとの関係について見てきました。現在、エイズやエボラ、ＳＡＲＳなど、近年に新しく出現したウィルスについて話題になっていますが、突発出現ウィルスは、別に今に始まったことではありません。それまで人間とは関係のなかったウィルスが、ヒトと動物との接触の頻度が増えることにより、新たにヒトに対して病原性を持つウィルスになることは、昔から起こってきたのです。

では、病原体とヒトとの関係は、今後どうなるのでしょうか？　進化生物学の視点から考えてみましょう。

ウィルスや細菌は寄生者であり、ヒトがその宿主です。寄生者は、宿主に取り付いて、そこから栄養を奪い取り、自ら増える仕組みを持っています。寄生者は、宿主に比べて非常に小さいのが普通です。ウィルスや細菌は言うまでもなく、腸内の寄生虫であるカイチュウも、皮膚表面につく寄生虫であるノミやシラミも、人間よりずっと小さいですね。

人間よりも小さいということは、彼らのほうが人間よりも寿命が短く、さっさと成熟してさっさと繁殖する、つまり、世代時間が短いということを意味しています。世代時間がヒトよりも短いということは、ヒトよりも進化するチャンスが多く、進化速度が速いということです。これは、病原体とヒトとの闘いで、ヒトが勝利をおさめることは永久にない、ということを示しています。

生き物は、自らエネルギーと栄養を取り入れて代謝し、生存して繁殖する存在です。しかし、こういう生き物がいると、そこにたかって、自らはエネルギーと栄養を取り入れる仕事をしない、という寄生者が必ず出現するようです。しかし、私たちのからだも、ただ黙ってたかられているだけではありません。免疫その他の防御機構を持つことによって、対抗進化します。しかし、私たちのような大型でゆっくりと生きている生物が、やっとのことで世代交代し、新しい進化的適応を身につけたとしても、その間に何万回も世代交代できる寄生者のほうが、早晩、そんな防御を破る手だてを進化させてしまいます。それに対しても、こちらは、やがて対抗進化し……ということで、この闘いは永久に続きます。このプロセスを、進化的軍拡競争と呼びます。

さらに、寄生者が複数いて、同じ宿主の栄養の搾取をめぐって、寄生者どうしが競争することもあります。これは、本当に複雑なプロセスです。

寄生者の寄生戦略とからだの防御反応

ウィルスや細菌に感染すると、病気によって異なりますが、いろいろな症状が出ます。下痢をしたり、咳をしたりというのがありますね。このような症状は、先に述べたように、寄生者である病原体が、最初に取り付いた宿主から次の宿主へと移って拡散するための戦略でもあります。下痢や咳の飛沫の中には大量に病原体の複製が含まれています。これらを派手にまき散らし、まだかかっていない人たちへと新たに感染することによって、寄生者は増えていくのです。

空中に飛ばされた唾液の飛沫から感染したり、下痢で汚染された水から感染したりして、急速に広がる病原体もありますが、一方、患者との濃密な接触があって初めて感染するものもあります。エイズは、血液や精液などの体液の接触で感染します。

一方、熱が出る、からだがだるい、眠い、力が入らない、などの症状は、病原体が増えるための戦略ではなく、私たち自身のからだが、病原体に対抗するために起こしている防御反応です。発熱は、体温を上げることによって、からだ内部の環境を、病原体にとって住みにくい温度にする手段であり、眠くなったり、力が入らなくなったりするのは、活動を抑えてエネルギーをセーブする反応です。「咳をする」、「下痢をする」、「嘔吐する」などという症状は、病原体が増える方法でもありますが、同時に、悪い物をからだから即刻排除するという意味で、宿主の側の防御の手段でもあります。

ですから、「病気の症状が出た」と言っても、それが何を意味しているのか、注意して考えなければなりません。症状の意味によって、それぞれの症状への対処の方針も異なってきます。下痢をする、嘔吐するという症状は、こちら側の防御反応という意味では、むやみに止めるべきではありません。からだが悪い物を外に出そうとしているのですから、出したほうがよいのです。しかし、それが、病原体が次の犠牲者に乗り移る手段でもあるのですから、咳の飛沫や下痢などで、ほかの人たちが汚染されないようにすることは、感染の拡大を止めるために必須でしょう。

一方、熱が出る、眠くなるなどという症状は、純粋に私たちのからだがおこなっている防御反応ですから、これは抑えるべきではありません。あまりひどくなった場合には注意すべきですが、熱が出て倦怠感があるのは、「ゆっくり休め」というサインなのですから、ぐっすり寝ればよいのです。仕事に対する義務感の強い人は、熱は解熱剤で下げ、咳は咳止めを飲んで抑えて出勤するなどということをしますが、それは実はよくないことなのです。

病原体の寄生戦略

細菌やウィルスによる感染症には、症状がひどくて死の危険があるようなものから、たいしたことはなくて、そのうちに治るものまでいろいろあります。また、急激に野火のように感染が広がっていく病気もありますが、何十年もかかってやっとほかの人に移る病気もあります。これは、どういうことなのでしょう?

病原体にたかられた側にどんな不愉快な症状が出るか、それが致死的であるかどうかは、すべて、病原体が、一個の宿主から次の宿主へとどうやって拡散していくかの戦略の現れです。激烈な症状を起こして、病原体の複製を周囲に大量にまき散らし、素早く次の宿主に取り付いて広がる、という戦略もあります。この場合、病原体にとっては、宿主が死んでしまおうが、生きていようが、どうでもよいので、問題は、どれほど素早く次の犠牲者に取り付けるか、ということなのです。そうすると、多くの場合、宿主にとって激烈な症状を引き起こすことになり、致死的になる確率が高くなります。エボラ出血熱などの病気は、取り付かれた人間のからだの細胞に広く出血を起こし、急速に広がって患者を殺します。こうして、エボラウィルスが取り付いたからだは非常に早く死を迎えますが、そのころには、ウィルスは、血液の飛沫などを通して、次の犠牲者へと乗り移っています。

一方、長々と一個の宿主に取り付き、宿主とともに生き続けながら、ゆっくりと次の犠牲者に乗り移る、という戦略もあります。梅毒やハンセン病のように、病気の進行がたいへん遅く、急激な変化は引き起こさずに、徐々に次の宿主を見つけていくという病気がこれです。

病原体も生物（ウィルスを生物と呼ぶかどうかは別として）ですから、複製によって存続していかねば、絶滅してしまいます。そのためには、一つの宿主から次の宿主へと移動せねばなりません。そのためには、病原体は自らの複製を大量に作って、一旦宿主のからだの外に出なければなりません。そこで、素早く次の犠牲者を見つけて乗り移ります。インフルエンザなどでは、咳などによって、ウィルスが含まれた唾液の飛沫が空気中にばらまかれ、それを別の人が呼吸することによって次の宿主に乗り移ります。この場合、かなり大規模な流行が起こるでしょう。

コレラは、コレラ菌が下痢とともに体外に排出され、それが水の中に入ります。そうやって汚染された水を飲んだり、そういう水で洗った食器を使ったりすると、次の犠牲者に移ります。この場合は、水環境が悪くて、公衆衛生がうまくいかないと、かなり大規模な感染が起こります。しかし、水まわりをきれいにするということは可能ですから、空気感染の場合よりは、流行を防ぐことは容易です。

幸いなことに、コレラ菌は空気感染しませんし、逆に、インフルエンザは、汚染された水から感染するということはありません。何でも感染するという病原体はないので、対応策を選べるのは幸いでしょう。

今問題になっている、新しい鳥インフルエンザウィルスの感染は、ウィルスを持った鳥の糞や血液との接触によって、ヒトにも移るようです。これは、接触感染ですから、まだ、防ぎようがあります。ヒトからヒトへ、咳などの飛沫によって空気感染するようになると、これは感染の大幅な拡大につながるので、それが恐れられています。

このように、宿主のからだの外に出た病原体が、どういう経路で次の犠牲者を捕まえるか、外の環境でどれほど長く生きていられるかということは、感染のダイナミクスにとって重要な要素となります。感染の拡大を防止するという目的からすれば、これは、防御戦略の立て方として、とても重要な情報です。たとえば、コレラ菌の場合、熱湯の中では死んでしまいますから、煮沸消毒は有効です。ウィルスでは、これが効かない場合もたくさんあります。

病原体と宿主の共進化

先ほど、病原体と宿主とは、互いに相手に取り付く、それを回避する、さらにそれをかいくぐって寄生する、さらにそれを防御する、という、終わりのない軍拡競争に陥ると言いました。長い時間がたつと、この軍拡競争は、結局のところどうなるのでしょう？

はしか（麻疹）のところで説明しましたように、病原体が最初に現れたときには、宿主にとって激烈な症状を起こし、致命的であることが多いようです。しかし、この戦略の行き着く先を考えてみましょう。病原体の「目的」は、何もヒトを殺すことではありません。どうやって次の犠牲者に乗り移り、増えていくか、ということです。患者に劇症を引き起こし、急激に患者を死なせてしまう病原体は、それが余りにも早すぎると、どうでしょう？　次の犠牲者に乗り移る前に、今の患者を死なせてしまうということが起こります。そうすると、自らも滅んでしまいますので、自然淘汰によって絶滅してしまいます。

そこで、時間とともに、余りにも急速に犠牲者を殺してしまうような病原体は淘汰されていきます。病原体は小さくて進化速度が速いので、犠牲者を殺してしまう度合いにもたくさん突然変異が起こり、多くの個体差があります。そこで、どのくらいの劇症を起こし、どのくらいの速度で次の宿主に乗り移るかについて、同じ病原体の変異どうしの間で、急速な自然淘汰が働いていきます。

今、ある病気の病原体があって、感染したヒトにひどい劇症を起こさせ、すぐに殺してしまうような変異株Aを考えてみましょう。最初の犠牲者が死んでしまう前に、病原体は次の犠牲者に乗り移らねばなりません。それが、あまりにもひどい症状を起こした結果、たった一人の人にしか移らないうちに犠牲者を殺してしまうというような状態では、病原体の拡散は、たいしたものではありません（図4－5a）。一方、それほどの劇症を起こさず、患者は適度にそこらを歩き回りながら病原体をまき散らしていくことができる変異株Bであれば、患者は死なず、病原体は集団中に広く拡散していくことができます（図4－5b）。

こうして、病原体の変異どうしの間に働く自然淘汰の結果、宿主に起こる症状はだんだんに軽度なものになり、病原体にとっても、次に移る時間的余裕のあるものに進化していきます。ということは、宿主が死ぬことなく、かかっても軽症となり、そうこうするうちに次の犠牲者に乗り移るということになります。こうなると、その病原体は、宿主の個体群の内部に根をおろし、不愉快な症状を起こすものの致命的ではなく、互いに共存していくことになります。普通のインフルエンザや、先ほど説明しました、はしか（麻疹）やおたふくかぜなどは、こうして人類と共存するに至った、いわばマイルドな病原体なのです。

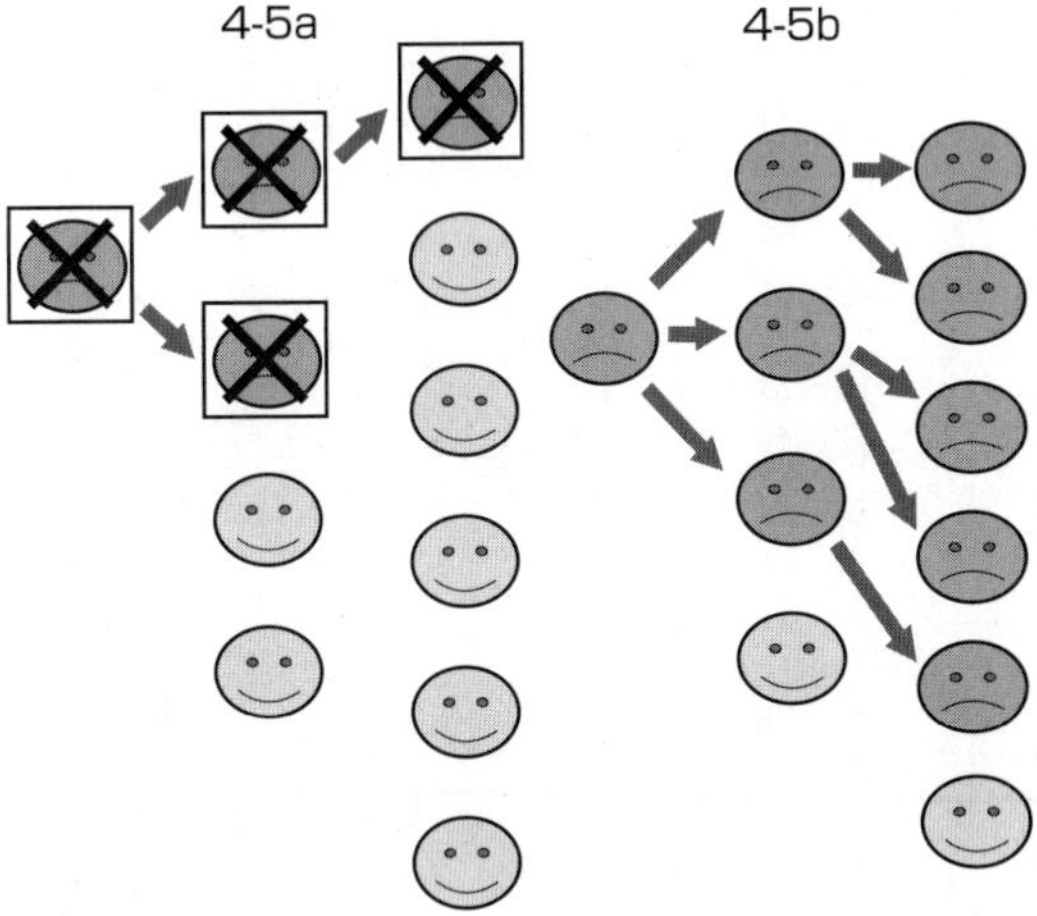

【図4-5】 病原体の拡散に対する自然淘汰

4-5a）病原体の毒性が非常に強いため、次の宿主に感染が起こる前に宿主が死んでしまう可能性が非常に高い場合。感染はあまり広まらずに病原体も絶滅する。

4-5b）毒性がそれほど強くないため宿主は死なず、次の宿主に容易に感染が起こる場合。

突発出現ウィルスの進化

インフルエンザなどのウィルスは、先にも述べたとおり、他の動物に感染するウィルスだったものが、ウィルスに突然変異が起こって、ヒトにも感染するようになったものです。これが起きたときには、突然、これまでにはなかった新型の病気が出現するため、突発出現ウィルスと呼ばれています。

こんなものがなぜ出現するのかについて、インフルエンザの例を見てみましょう。インフルエンザのウィルスには、ヘマグルチニン（H）という部分と、ノイラミニダーゼ（N）という部分とがあります。どちらもタンパク質で、Hは、ヒトの細胞内部に侵入するための装置、Nは、そうして中で増殖したウィルスが細胞の外に出るための装置です。H部分にもN部分にも、株によって変異があり、H部分で五つ、N部分で七つの変異が知られています。それらは、H1からH5まで、N1からN7まで、番号がつけられています。一九一八年に世界中で猛威をふるい、スペイン風邪と呼ばれたインフルエンザは、H1N2のタイプでした。今、問題になっている鳥インフルエンザは、H5N1です。

インフルエンザのウィルスが増殖するたびに、ウィルスの遺伝子が複製されていきます。そのとき、いろいろな突然変異が出てきて、ウィルスの新しいタイプが補給されていきます。突然変異はランダムに起こるので、そのほとんどは、ウィルスが増えるにあたって都合のいいものではありません。そういう変異は、すぐになくなっていきます。その中で、増殖に都合のよい、適応的な変異もたまには生まれてきます。

さて、ウィルスが、鳥に寄生しているとしましょう。そのH部分に起きた変異の中に、ブタの細胞にも入り込めるようなものができたとします。すると、そのウィルスは、鳥だけでなくブタにも感染できるようになったわけですが、まだ、ブタの中で増殖してブタの細胞から飛び出してくることはできないかもしれません。それが、もう一度、N部分にも変異が起これば、それは、ブタの中で増えて外に出てくることもできるようになります。こうなると、新しいウィルスの出現です。

また、ウィルスは、自らが複製するときに変異を起こすばかりでなく、同じ宿主の中に入っている異なる変異株どうしが、遺伝子を交換することができます。こうすると、他の変異株からの遺伝子をごっそり取り込むことによって、大幅な変異ができます。この方法でも、新たなタイプのウィルスが急速に出現します。

エイズの原因であるＨＩＶウィルスには二つの系統があり、一つはチンパンジーのウィルスから、もう一つは、西アフリカのサル類のウィルスから、ヒトにも感染するタイプに進化してきました。サルや類人猿の間には、ずっと昔からこのウィルスは常在していたのです。それが、サルや類人猿を捕獲して食べることにより、ヒトにも感染するウィルスが出現したようです。

エボラ出血熱のウィルスがどこから進化したのかは、まだよくわかっていません。このウィルスは、ヒトだけでなく類人猿にも致死的な劇症を引き起こします。近年、西アフリカのゴリラやチンパンジーの集団が、エボラ出血熱の流行によって大打撃を受けました。

こうして犠牲者を急激に殺してしまうと、それ以上は感染が広がらなくなり、流行はそこで終息します。しかし、それは、ウィルスがいなくなったという意味ではありません。ヒトの集団内では一時的にいなくなったわけですが、何かの動物の中で、ことさらに症状を引き起こすことなく存在し続けているのです。エボラの場合、それがどの動物なのか、はっきりとはわかりませんが、コウモリなどの可能性があります。近年、東南アジアや中国で猛威をふるったSARSは、ハクビシンやネコ科の動物に常在しているようです。インフルエンザのウィルスは、鳥の集団内に常在しています。こうして、いつか再び、ヒトとの接触によって、ヒト集団での流行が始まります。

薬の功罪

感染症に対しては、さまざまな薬が開発され、功を奏してきました。中でも、細菌に対する抗生物質は画期的な効果を現し、二〇世紀最大の発明の一つかもしれません。しかし、薬によって症状を和らげることはできますが、そして、個々の患者を救うためには薬は必須ですが、薬によって厄介者を根絶することはできないのです。それは、私たち宿主よりもからだの小さい病原体が、必ずや、薬に対する耐性を進化させてしまうからです。

自然淘汰による適応は、その生物が持つ変異の中から、環境に対してより生存・繁殖率の高い変異が集団中に広まることによって起こります。人間が、抗生物質を飲む、殺虫剤をまく、というようなことをすると、それは、寄生者たちにとって生きにくい新たな厳しい環境をもたらします。それによって、多くの寄生者が死ぬでしょう。しかし、どこかで誰かは生き延びます。その環境を生き延びた個体というのは、その薬に対する耐性を少しでも持っているからこそ、生き延びたのです。そして、そういう個体が、次世代を産む親となり、子どもたちは、その耐性を引き継いでいきます。次の世代は、前よりも確実に強い耐性を持ったところから出発します。

こうして、どんなに強い薬を開発したとしても、一挙に全滅させることができない限り、どこかで耐性が進化します。それが世代を重ねるごとに、ますます相手の耐性も進化するのですから、これには終わりがありません。抗生物質を乱用してはいけない、というのは、そのためです。**図4-6**に、ＤＤＴを散布し続けたときに、それに対する耐性が蚊の間でどのように獲得されたかを示すグラフを示しました。蚊は、小さいけれども多細胞生物の昆虫であり、細菌類などよりはずっと複雑で世代時間も長い生き物です。それでも、耐性の進化が非常に早く生じることが、よくわかるでしょう。

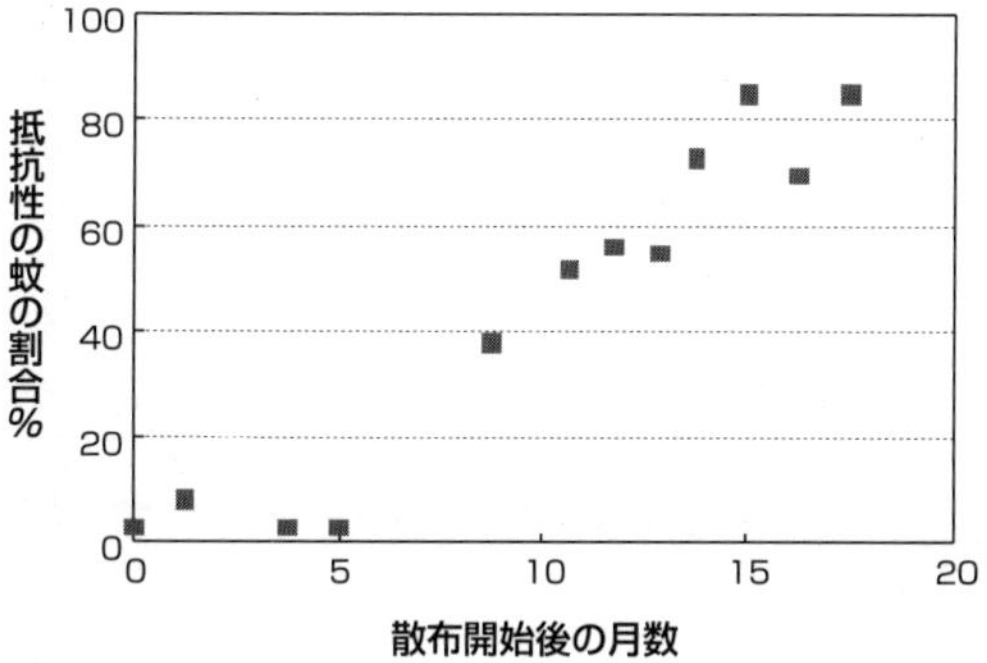

【図4-6】 DDT 散布に対する蚊の抵抗性の進化

ＤＤＴを散布し始めてのち、一定の方法で蚊を集めて４％ＤＤＴをかけ、１時間後に死ななかった蚊の割合を示す（Curtis et al., 1978 より作成）。

寄生者を殺す薬というものは、患者を救うためには必要です。しかし、薬は寄生者に対して淘汰圧をかけ、必然的にそれに対する耐性を進化させるものだということは、つねに認識しておくべきでしょう。できる限り抗生物質は使わず、自分自身の力で治せればいいですね。

第5章◆妊娠、出産、成長、老化

これまで、ヒトという生物の進化に関連して、からだの形態の設計に伴う不具合や、現代の環境が過去の環境とミスマッチを起こしていることから生じる不具合、そして、私たちを食い物にしようとする寄生者との闘いについて見てきました。本章では、ヒトが生まれてから死ぬまでのスケジュールがどうできているのか、それはどのように進化してきたのかについて考えてみましょう。生まれ、成長し、やがて老いて死ぬのは生物の運命ですが、それを進化の視点から見ると、また新たな発見があります。

ヒトの一生は、受精卵が着床したところから始まります。女性にとっては、妊娠の始まりです。子宮の中に胎盤が作られ、母親から胎児へと栄養が送られるようになります。こうして、母親と子どもが文字通り一体となって胎児が育てられていくように見えますが、実は、ことはそれほど簡単ではありません。

受精卵というのは、母親の卵子と父親の精子とが合体したものです。卵子は母親自身のものですが、精子は、まったく異なる赤の他人のものです。それが一緒になってできた受精卵は、母親の免疫系から見れば、半分は異物にほかなりません。ですから、排除しようとする動きが出てきて当然なのです。

受精卵のほうから見れば、やっと人生が始まろうとしているのに、母親から排除されてしまっては困ります。母親の免疫系をなんとかしてくぐり抜けねばなりません。そこで、受精卵は、母親の卵巣から排卵されるときに一緒にくっつけてきたタンパク質の覆いで自らを隠し、異物とはわからないようにして育っていきます。

さらに、母親にとっては、現在妊娠中の胎児の生存ももちろん重要なことですが、母親自身のからだを維持することも大事です。そして、将来生まれてくるだろう子どもも、母親にとっては、今妊娠中の子どもとまったく同じに自分の子どもです。しかし、胎児の側から見れば、自分の生存こそがもっとも大事であり、将来生まれてくるかもしれない弟妹のために遠慮することはありません。その意味でも、母親が胎児にあげたい最適な栄養量と、胎児が母親から欲しがる最適栄養量とは異なることになります。

そして、妊娠と出産は、母親にとってはたいへんなコストです。これ以上妊娠を続けても、生まれてきた子どもの生存確率が低いような場合には、早めに世話を打ち切ってやり直すほうがよい場合も出てきます。母親のからだは、妊娠を続けられる強い胎児であるかどうかを試し、それに応えられる胎児でないとすぐに流産するようにできているようです。その仕組みを見てみましょう。

妊娠は、母親の脳下垂体前葉から分泌される、黄体ホルモンというホルモンによって維持されています。このホルモンが、黄体を刺激して、黄体にプロゲステロンというホルモンを作らせ、それがあることによって流産が防がれています。

それはそうなのですが、妊娠の非常に早い時期から、胎児は、母親のプロゲステロンの量に大きな影響を与えています。はじめのうち、胎児は、ヒト胎盤性性腺刺激ホルモン（ｈＣＧ）と呼ばれるホルモンを、母親の血流の中に分泌します。この物質は母親の黄体を刺激し、プロゲステロンを大量に作らせることで流産を防いでいます。逆に、ｈＣＧの分泌が十分でないとプロゲステロンが十分に作られず、母親の体は胎児からの信号が十分でないものと判断して流産に至ります。

さらに、妊娠八週目にもなると、胎児は自分で十分な量のプロゲステロンを作りだし、妊娠を維持させることができるようになります。このあとは、たとえ母親の黄体を摘出してしまっても、胎児が作り出すプロゲステロンだけで、妊娠は維持されます。つまり、このプロセス全体は、黙っていれば母親が妊娠を続けてくれるということはなくて、胎児からの積極的な働きかけが必須であるように作られているのです（図５－１）。

着床した受精卵のおよそ三〇パーセントは、一〇日以内に自然流産しているようです。さらに、ほとんどの自然流産は、妊娠の初期に起こっています（図５－２）。それは、胎児からのｈＣＧの分泌が十分ではないからで、その原因は、染色体異常、発生異常などです。体内で育ててみても、生きる確率の非常に少ない胎児は、なる

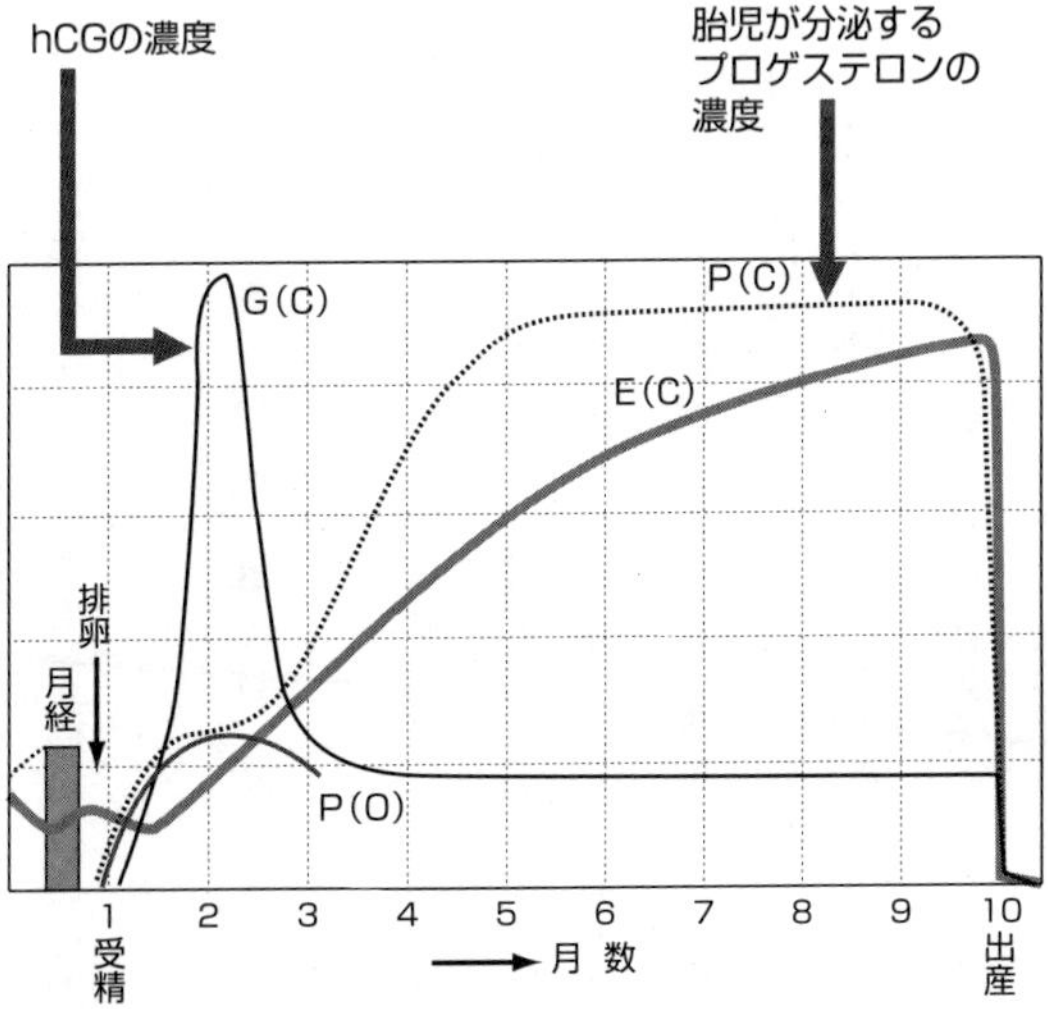

E:エストロゲン、G:ゴナドトロピン、P:プロゲステロン、
(C)は胎盤性、(O)は卵巣性をあらわす。

【図5-1】 胎生月齢と妊婦の血中ホルモン濃度

べく早い段階で流産し、次の妊娠の準備をする仕組みだと言えるでしょう。奇形や異常のある子どもは実際に生まれてきますが、それは、異常があるにせよ、十分にhCGを分泌して母親に妊娠を続けさせて生まれ出ることのできた胎児なのです。

母親と胎児の「蛇口の開け閉め戦争」

さて、胎児は栄養を完全に母親に依存しています。胎児は、自分の成長のために栄養を欲しがります。胎児にとっては、母親からの栄養が多いほどよく成長できるので、どんどん自分によこすようにという信号を出します。

一方、母親はと言えば、自分の持っている栄養をすべて胎児にあげてしまうわけにはいきません。自分自身にも栄養を向けねばならないだけでなく、母親は、次の妊娠と出産のためにも、余力を残しておかねばなりません。そこで、母親は、胎児の要求どおりに大量に栄養を胎児に向けるということはできないのです。ここに、母子の対立があります。

細胞にとって、一番大事で単純なエネルギー源はブドウ糖です。食物から抽出し

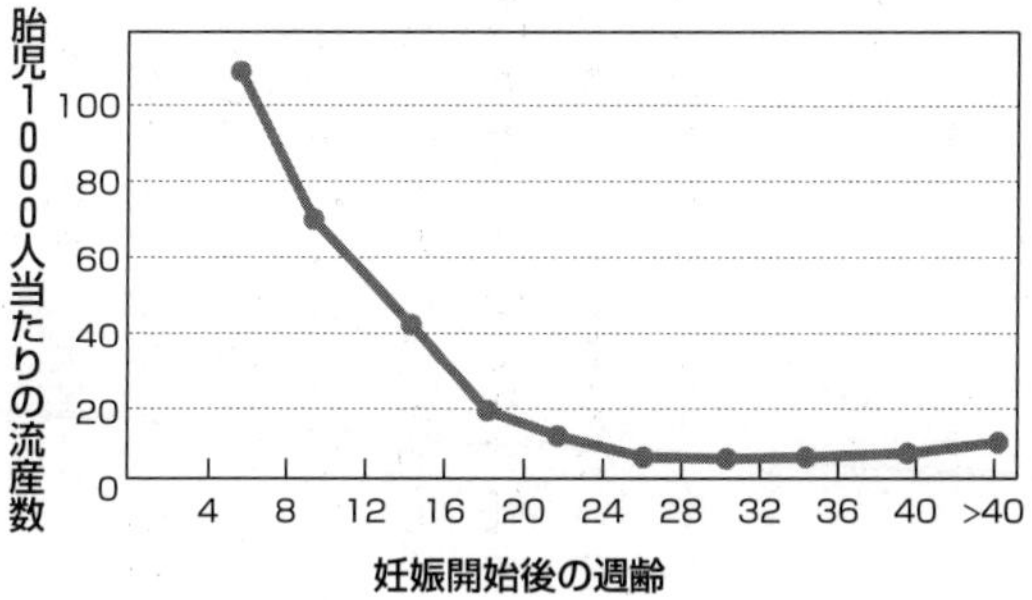

【図5-2】 妊娠開始後の自然流産数

たブドウ糖は、血流に乗って体中に運ばれます。ところが、血中のブドウ糖の濃度が高くなりすぎることは、からだによくありません。そこで、血中のブドウ糖濃度、つまり血糖値を抑えて調節しているのが、膵臓から分泌されるインシュリンというタンパク質です。インシュリンがうまく分泌されないと、糖尿病になります。

さて、妊娠していない女性では、食事のあとに血糖値が上がりますが、その後にインシュリンのレベルも上がり、それによってやがて血糖値が下がります。ところが、妊娠後半期の女性では、食事のあとに血糖値もインシュリンのレベルも上がったままで、なかなか下がらないのです。つまり、妊娠後期の女性は大量のインシュリンを分泌しているのですが、その効率がよくないということなのです。

どうしてこんなことが起こるのでしょうか？　それは、胎児が分泌している、ヒト胎盤性ラクトゲンというホルモンに原因があるようです。ヒト胎盤性ラクトゲンは、ヒト成長ホルモンに構造がよく似ているのですが、ヒト成長ホルモンは、インシュリンの働きを抑制する効果があります。つまり、胎児は、ヒト胎盤性ラクトゲンを分泌することにより、母親の血糖値を上げさせ、自分自身にまわされる栄養の量を増やそうとしているのです。それに対して、母親は、インシュリンを余分に分泌することによって対抗しているのでしょう。この「綱引き」が拮抗しているところが、双方の妥協点になっているようです。

これはまるで、胎児が「もっとよこせ」と蛇口をよけいに開こうとするのに対して、母親が「そんなにたくさんはだめよ」と蛇口を閉めようとしているようなものです。胎児も母親もともに健康であれば、この「蛇口の開け閉め戦争」が健全に続けられ、両者ともにちょうど良いところで拮抗して毎日が過ぎます。しかし、これは非常に微妙な駆け引きであり、胎児に栄養が少なくしか行かなければ、低体重の赤ん坊になってしまう一方、妊娠中に血糖値が非常に高かった母親は、のちに妊娠性糖尿病という病気になる確率が高くなります。

出産

およそ九ヶ月の妊娠期間が終わると、出産になります。ヒトの妊娠期間は、だいたいにおいて四〇週前後と決まっていますが、世間でよく知られているとおり、個人のばらつきが非常に大きく、いつ生まれるのかを正確に予測するのは困難です。

分娩が始まるときには、母親のからだのホルモンバランスが大きく変わり、それが引き金となって分娩が引き起こされますが、そもそも、それを決めている要因はなんなのでしょう？　つまり、胎児は、どういう条件が整うと子宮の外に出ることになるのでしょう？

受精卵が分割してどんどん大きくなり、分化していって胎児のからだができていくのですから、胎児のからだが十分にできあがったところで出産が起こるのでしょうか？　どうもそうではないようです。実際、胎児のからだの大部分は、肺を除いて妊娠期間の三分の二ほどでできあがっています。あとの三分の一で胎児がやっているのは、からだに脂肪を蓄えることで、この脂肪の蓄えがどれだけできるかは、出生後の生存率に大きな影響を与えます。

出産のときには、胎児の頭が産道を通過しなければなりません。胎児が成長しすぎると、頭や肩が大きくなりすぎて、出産が困難になるでしょう。では、胎児の頭の大きさが産道ぎりぎりになったときに分娩が起こるのでしょうか？　これも、そうではなさそうです。妊娠期間が長すぎて胎児の頭が大きくなりすぎる事態は実際に起こります。昔は、こういう難産になると、母親の命を救うために、胎児の頭をつぶして母体から引き出すという荒っぽいことをせねばなりませんでした。

しかし、そもそも、胎児の頭の大きさが産道ぎりぎりの大きさになったということを、胎児も母親も感知することなどできるでしょうか？　分娩時には、骨盤の継ぎ目がゆるむなどして産道はさらに少し広がることができます。その余裕も含めて、「これが限界」というときを正確に知ることなど母子ともに無理でしょう。

では、胎児に栄養を与えている器官である胎盤が、もうこれ以上は働けないという限度が来たときに分娩が起こるのでしょうか？　これも、そうではありません。胎盤は、やろうとすれば、四〇週を過ぎてもまだまだ機能するもののようです。

これまでの考え方は、一つの仮定の上に立てられてきました。つまり、胎児の状態に関して何か決定的な臨界点のようなものがあり、それを通過したら、分娩を起こさせるシグナルが出るのではないか、という仮定です。しかし、そうではないようなのです。

先に述べたように、胎児のからだの重要な部分は、妊娠期間の三分の二ほどで完成しています。残りの妊娠期間で胎児がやっているのは、からだに脂肪を蓄えることです。さて、胎児のからだに脂肪を蓄えるには、もちろん、母体から栄養をもらわねばなりません。それを言えば、胎児が必要とする栄養もエネルギーも、すべては母親から来ています。

通常の妊娠期間を過ぎて生まれてきた赤ん坊を見ると、奇妙なことが起こっています。通常よりも長く母親のおなかにいたのですから、骨の長さなどからすると普通よりも大きいのですが、こういう赤ん坊は、脂肪の蓄えが相対的に少なくなっているのです。

このことを理解するために、胎児の要求と母親のエネルギー供給の関係を見てみましょう。胎児が成長するにつれて、栄養とエネルギーの要求は大きくなっていきます。それに対応するために、母親はたくさん食べて余剰を胎児にまわします。それでも、妊娠初期には、まだ胎児は小さく、それほど大きな要求はありません。しかし、妊娠初期には母親の代謝が変化し、たとえ普段と同じように食べても、そこからより効率よくエネルギーを取り出すようになります。そこで余った分は、母親自身の脂肪として蓄えます。

その間に胎児はどんどん大きくなり、要求するエネルギー量が増えていきます。妊娠期間の三分の二が過ぎると、胎児のからだの大部分ができあがります。さて、このあとの胎児は、からだをさらに作るよりは脂肪を蓄積していくのですが、ここで母親が、もうかなり大きくなった胎児にさらに脂肪をつけさせるのは大変な仕事です。もちろん、母親はたくさん食べて胎児の要求に応えようとしますが、それにも限度があります。そこで、妊娠初期に自分に蓄積しておいた脂肪を総動員して胎児にまわします。

それでも、胎児がさらに大きくなっていくにつれて要求量は多くなり、やがて、母親はもうどうやってもその要求に追いつくことができなくなるときがきます。母親の供給量が胎児の要求に見合わなくなるとき、どうも、それが分娩の開始を引き起こしているようです（図5-3）。つまり、これ以上母親の胎内にいても、もうエネルギーをもらえないとなったときに、胎児は見切りをつけて外界に出てくるのだと言えるでしょう。

だから、通常の妊娠期間を過ぎて生まれた胎児は、かえって脂肪蓄積量が減っているという奇妙なことが起こるのです。余分に母親のおなかの中にいた間に、供給量が十分でなかったため、自らそれまでに蓄えた脂肪を、逆に消費してしまう事態に陥ったからです。

いろいろな母親たちで妊娠期間がどのように異なるかの統計データも、この仮説を裏付けています。肥満の母親や糖尿病の母親は、妊娠期間が通常よりも長くなる傾向があります。これは、このような母親が胎児に供給し続けられる量が、通常の母親たちよりも多いからでしょう。一方、栄養不良の母親や高山地帯にいる母親は、妊娠期間が短くなります。このような母親は、胎児に供給できる量が少ないため、胎児からの要求量の方が上回るようになる時期が早く来るのでしょう。双子や三つ子の場合も、妊娠期間が短くなることがよくありますが、これは、胎児からの要求が異様に大きいからです。

これまでに記録がある中で最長の妊娠期間は四四週だそうですが、そうして生まれてきた赤ん坊は無脳症でした。脳の新皮質のほぼ全部がなかったのです。脳は一番エネルギーを要求する器官であるので、それがない胎児は、エネルギー要求量が異常に少なかったのでしょう。

まとめると、分娩のときを決めているのは、胎児や母親に関する、何か一つの要因ではなく、胎児の要求量と母親の供給量とのバランスなのです。そこで、胎児からの要求の量にも、母親が供給できる量にも、両方に個人差が生まれることになり、

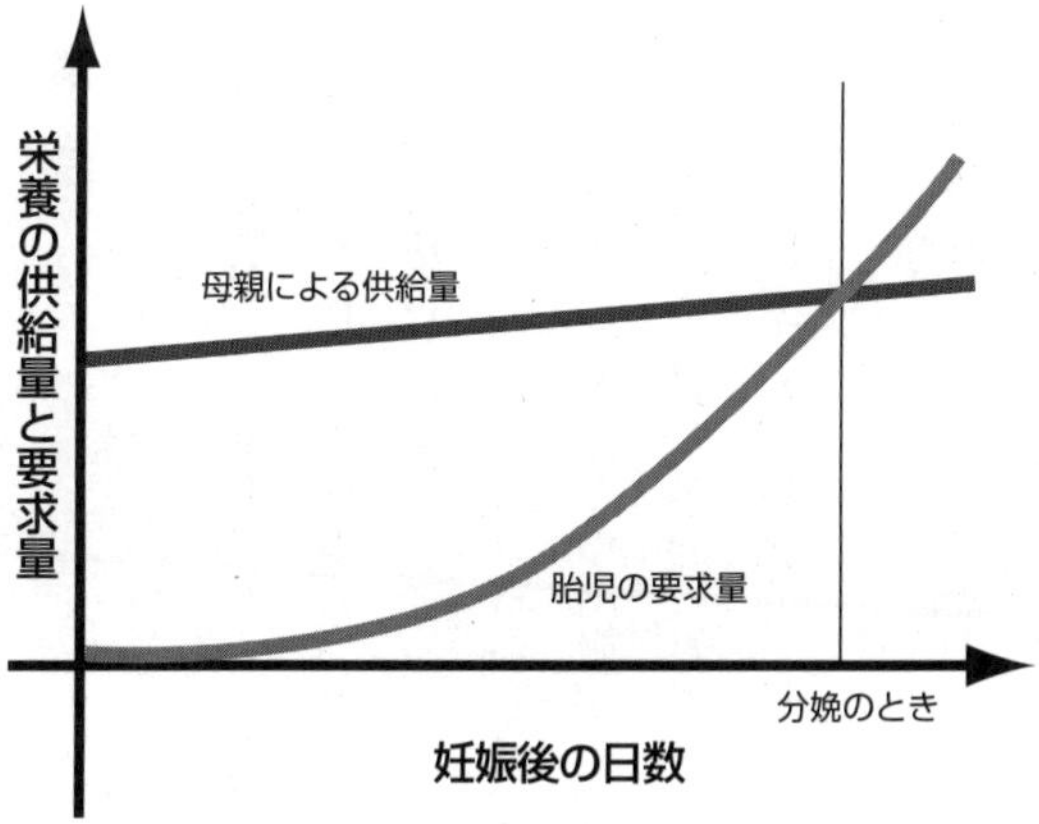

【図5-3】 胎児の要求量と母親の供給量の変化、そして分娩のとき

だいたい妊娠期間は九ヶ月とはいえ、分娩の時期は、一概には決まらないのです。

出産に適した環境

出産は生理的な現象であり、病気ではありません。狩猟採集民の社会でも、農耕民、牧畜民でも、人類はずっと家庭で分娩してきました。多くの伝統社会では、「お産婆さん」という役目の、分娩に関して経験の豊富な人が付き添うことが普通ですが、ニューギニアのように、夫が付き添う社会も稀ではありません。

ところが、近代になってからは、ほとんどの出産が病院で行われるようになりました。まるで手術室のような環境で、異常事態に対処するかのように出産が取り扱われるようになってしまったわけですが、進化的に見れば、これはおかしなことです。

人間にもっとも近縁な類人猿も含めて、サル類は一般に、雌が単独でさっさと出産をすませます。分娩が近づいた雌は、ことさらに他者から離れ、出産も後産の処理も単独で行います。しかし、人間は違います。あとで述べるように、人間の赤ん坊は脳が大きくなったために非常に難産なのですが、物理的な介助が必要というよりは、精神的な意味で、産婦に対する社会的サポートが非常に重要なのです。

このことは、一九七〇年代から八〇年代にかけて、グアテマラで行われた研究に如実に示されています。グアテマラには、ドゥーラと呼ばれる習慣があります。ドゥーラとは、これから分娩する産婦に付き添う人のことなのですが、この人は、いわゆる産婆さんのように、出産に関して経験豊富な専門家ではありません。それどころか、産婦の家族でも、親しい人間ですらある必要はないのです。ただ、産婦といっしょにいて話をし、そばにいて激励し、安心させる役目をおった人間です。

研究者たちは、グアテマラ市の病院で分娩しにやってきた、正常分娩の初産の母親を対象に、ドゥーラがいた場合といなかった場合とで、母親と新生児との関係がどう異なるかを調べようとしました。病院ですから、ドゥーラがいようがいまいが、医師や看護婦がときどき巡回にきて診察するのは同じです。ドゥーラがいれば、医師や看護婦がいないときでもずっと、誰かがそばについていて産婦と話をし、社会的な関係を保っています。いなければ、産婦は、医師や看護婦の巡回時に彼らと事務的な会話をする以外、社会的な関係を持ちません。

さて、研究者たちは、「ドゥーラあり」と「ドゥーラなし」の二つのグループで比較をするために、それぞれ二〇例の正常分娩サンプルを集めようとしました。しかし、正常分娩と思っても実際そうではなかった場合があるので、「ドゥーラあり」の場合、最終的には三三例の分娩に立ち会って、二〇例の正常分娩サンプルを集めることができました。

ところが、「ドゥーラなし」の場合、どういうわけか正常分娩がなかなか起こらなかったのです。予定通り二〇例の正常分娩サンプルを集めるためには、結局、一〇三例もの分娩に立ち会わねばなりませんでした。「ドゥーラあり」の場合、帝王切開に終わった例は全体の一九パーセントでしたが、「ドゥーラなし」の場合は二七パーセントにもなりました。

さらに、正常分娩でも、この二つのグループ間には大きな差異が見られました。「ドゥーラあり」の場合、分娩の平均時間は八・八時間でしたが、「ドゥーラなし」の場合は一九・三時間にも及びました。当初の研究目的であった、母親と新生児との関係では、予想通り、「ドゥーラなし」の母親のほうが、新生児との接触回数が少なく、母親の不安感もつのっていました。

これから分娩しようとする産婦に、社会的な接触があるかどうかは、人間にとってこれほど重要な問題なのです。ドゥーラは、産婦と親しい人間ですらないかもしれません。ただ、そばにいて話をし、激励する役目をおった人物です。それでも、誰もいないときに比べて、これほど劇的な成果があるのですから、産婦と親しい人間であれば、安産に導く効果はさらに大きいでしょう。

産婦に精神的なストレスがあると、アドレナリンの分泌が促され、子宮の収縮を抑えてしまいます。ヒトの女性には、たとえ分娩が近づいても、「社会的なサポートがないところでは産まない」という生理学的メカニズムが働いているようです。出産に伴う問題が起きたときにすぐ対処できるということで、近代以降、病院での出産が普通になったのですが、病院という、異様で孤独な環境が、かえって自然な正常分娩を阻む原因を作っている可能性は大いにあります。最近は、夫を初めとする家族が立ち会うなど、社会的、精神的に心地よい環境で出産をしようという流れがありますが、ヒトの出産の進化史を考えれば、当然でしょう。

先にも述べたとおり、ヒトという生物は、体重のわりに非常に大きな脳を持っています。ヒトにもっとも近縁な霊長類であるチンパンジーでは、おとなの脳はおよそ三七五ｃｃですが、ヒトのおとなではおよそ一四〇〇ｃｃにもなります。チンパンジーに比べると、ヒトの体重はおよそ二倍ですが、脳は三倍以上になりました。脳が大きいことはもちろん適応的で、そのために、ヒトは、チンパンジーにはできない多くの問題解決をすることができます。しかし、こんな大きな脳を持つことにはコストもあります。その一つが、難産です。

胎児が生まれてくるときには、母体の産道をくぐり抜けてくるわけですが、ヒトの場合、これは神業と言ってもいいほどの難事業です。胎児の脳の大きさは、産道の大きさとほぼ同じ。これで通過するのかと心配になるほどですが、胎児は、からだを回転させることによって、やっとのことで出てきます（図5－4）。

こんな離れ業になったのは、産道が骨盤の穴を通過するという、従来通りの経路を維持しながら、胎児の脳が大きくなったからです。図で見るように、この設計に

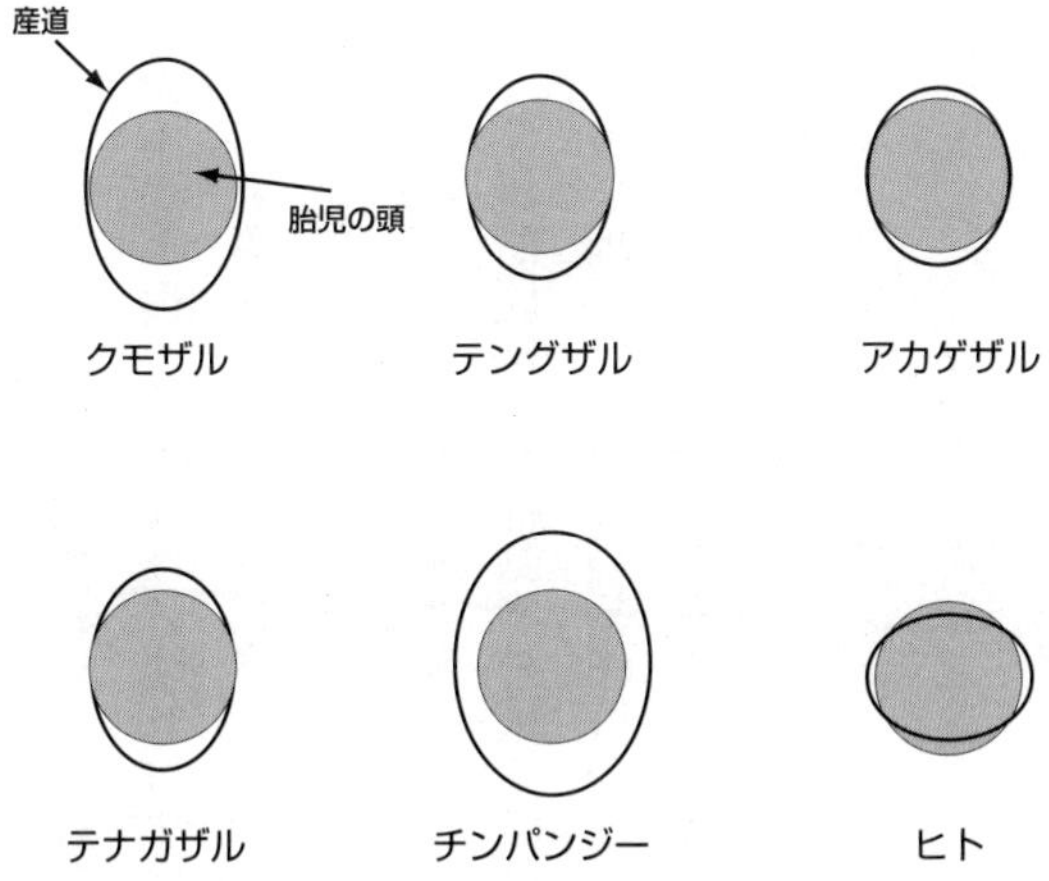

【図5-4】　霊長類の産道の大きさと胎児の頭の大きさの関係

はどうしても無理があるとしか思えません。進化史上の制約を無視して考えた場合、この設計ミスには三つの解決が考えられます。

一つは、産道の位置を変えることです。相変わらず骨盤の狭い穴を通すのはきっぱり止めて、おなかの真ん中から出てくるようにすればよいではないですか。肋骨と骨盤の間は十分広く開いていますから、ここに産道を通せば、どんなに胎児の頭が大きくなっても大丈夫でしょう。しかし、チンパンジーの系統とヒトの系統が分かれてから六〇〇万年。その間に、ヒトの系統で脳がどんどん大きくなったのですから、進化史で言えばこんな短期間に、脊椎動物の根本設計にかかわる劇的な設計のやり直しをしろといっても無理です。男性の輸精管の配管と同じく、今やこの産道のあり方はとてもまずいのですが、今更変えることはできません。

もう一つの解決法は、女性の骨盤をもっと広くして産道をあと数センチ広げることです。進化は、ある程度、この案を実現してきました。ヒトの女性の骨盤は、男性の骨盤よりもずっと幅が広く、産道が通る穴も大きくなっています。骨盤は、からだの骨の中でもっとも性差がはっきりと現れる骨です。さらに、分娩時には、左右の骨盤をつないでいる恥骨結合がゆるみ、普段よりも数ミリの余裕を持たせられ

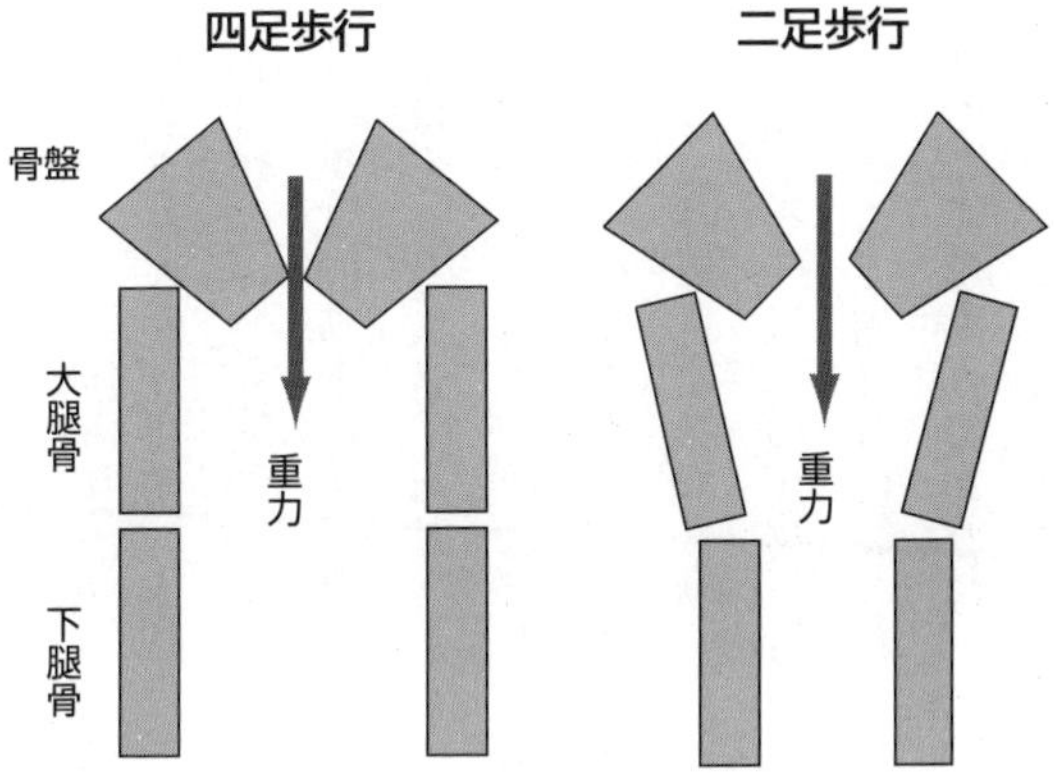

【図5-5】 骨盤と大腿骨の位置関係

るようになっています。涙ぐましい努力と言えるでしょう。

では、数ミリと言わず、なぜもっと広くできないのか？　それは、これ以上女性の骨盤を広くすると、今度は、直立二足歩行の効率に悪影響が出るからです。ヒトは直立しているので、重心が真下にかかります。下肢は、体重を支え、移動させる役目を果たしていますが、骨盤が広いと大腿骨がまっすぐ下に伸びず、斜めになります（**図5－5**）。こうなると、歩行の効率が悪くなるのです。これ以上骨盤が広くなると、女性の大腿骨の傾斜はもっと大きくなり、もっと効率が悪くなるでしょう。

直立二足歩行に多少の負荷がかかっても、それほど適応的に不利になるとは思われないかもしれません。しかし、ヒトの祖先が何百万年と続けてきた狩猟採集生活というものは、先にも述べたように、毎日何キロも歩く生活です。女性は、赤ん坊を抱え、採集した食料や薪を抱え、そのほかの荷物も持って、何キロもの距離を歩いて毎日過ごさねばなりません。そこで捕食者に襲われそうになったら、走って逃げねばなりません。毎日の生活がこんなふうであれば、元気に効率よく長距離を歩けるということは、現代の機械化された生活ではとても考えられないほど重要なことだったに違いありません。

さらに、骨盤の穴をこれ以上大きくした場合の問題が、もう一つあります。それは、日常的にこの穴をふさいで腹部内臓が下に落ちてこないようにしている筋肉の強さです。腹部内臓には下向きに重力がかかりますが、ヒトは直立しているため、骨盤が腹部内臓を支えるお椀のような働きをしています。その真下にある穴をこれ以上大きくすると、内臓を支える筋肉への負担も大きくなってしまいます。

三つ目の解決案は、分娩のときの胎児の脳を小さくすることです。これも、進化は、これまで精一杯、その方向にもってきたようです。チンパンジーと比べてみましょう。ヒトの脳の大きさは三倍以上になりましたが、チンパンジーの妊娠期間はおよそ二二八日なのに対して、ヒトの妊娠期間はおよそ二六七日と、六週間ほどしか長くありません。また、生まれてくるときの新生児の脳の重さが、おとなの脳の重さの何パーセントであるかを見てみると、**表5－1**に示したとおり、ヒトは確かに、脳がまだ非常に小さいうちに生まれてくるのです。

妊娠中に母親の体内で胎児が発達していくのですから、体重の大きい動物になるほど、妊娠期間は長くなります。そして、胎児のからだの中でも、脳を作るのにはかなりの時間とエネルギーが必要であるため、体重というよりは、脳重と関連して妊娠期間は長くなります。そこで、ヒトのような大きな脳を持った動物では、本来ならば、妊娠期間はもっともっと長くなるはずなのです。ところが、そこまで新生児の脳を大きくしてしまうと、産道を通ることができなくなるので、ヒトは、ことさらに早産をして、まだ脳が大きくないうちに産んでしまうようになりました。これを、生理的早産と呼びます。

こんな風に、進化によって、ヒトの胎児の成長と出産に関してはさまざまな工夫がなされてきたのですが、なにしろ脳は大きすぎる、直立二足歩行のための設計には制約がある、ということで、ヒトの出産は、かなりの無理をしてぎりぎりのところで行われているのですね。

「子ども」の誕生

他の霊長類の赤ん坊は、生まれた直後から母親のからだの毛にしがみついて、自分の体重を支えることができます。しかし、ヒトの赤ん坊は、生理的早産によって未熟なうちに生まれてくるので、自らを支えることはできません。ヒトでは、母親

種　類	新生児の脳重の%
フイリアザラシ	38
ウマ	52
ウシ	44
ギャラゴ	40
ホエザル	57
アカゲザル	68
マントヒヒ	40
チンパンジー	36
ゴリラ	56
ヒト	26

【表5-1】　いろいろな哺乳類における新生児の脳の重さの、成体の脳の重さに対する割合

のからだにも毛がありませんから、赤ん坊がしがみつくための毛もないのですが、たとえ毛があったとしても、ヒトの赤ん坊には、その力はありません。ヒトの赤ん坊は、栄養の面でも移動の面でもすべてをそっくり、母親をはじめとするおとなたちに頼っている、無力な存在です。

哺乳類一般での、成長のスケジュールを考えてみましょう。哺乳類は、母親が子どもに授乳する動物であり、すべての哺乳類の赤ん坊は、栄養を母親のミルクに依存しています。その期間を「赤ん坊」と呼びます。

赤ん坊はやがて離乳し、自分で餌を食べるようになります。それでも、すぐに性的成熟が起こるわけではないので、離乳してから性的成熟までの期間を、「子ども」と呼びます。性的成熟以後は「おとな」になります。「おとな」の間は繁殖が行われ、繁殖終了のときが寿命の尽きるときです。

これが、哺乳類の一般的な成長のスケジュールです。ところが、ヒトでは様子が少し違います。まず、離乳したあとのヒトの「子ども」は、自分で餌を食べられるでしょうか？

ヒトにもっとも近縁なチンパンジーでも、離乳したあとの子どもは、すべての餌

【図5-6】 野生チンパンジーの子どもたちが遊んでいるところ。
彼らは、栄養と移動では独立している。
タンザニア、マハレ国立公園にて（撮影：長谷川寿一）

を自分でまかないます。離乳後はすぐに下の子が生まれ、母親はその子の世話にかかりきりになりますから、離乳したあとの子どもは、自分が必要とする栄養とエネルギーは、すべて自分でまかなうほかありません（図5－6）。

しかし、ヒトの「子ども」はどうでしょう？　食事をするには、食物を獲得し、火をおこしてそれを調理しなければなりません。食物獲得は、狩猟採集生活では、獲物を狩り、解体し、植物性食物を採集することです。農耕や牧畜生活では、畑を耕して作物を植え、収穫したり、家畜の世話をして乳製品を作ったり、屠殺して解体したりすることです。近現代の生活では、貨幣によって食物を買うことでしょう。火をおこし、調理するには、火のおこし方を知らねばなりませんし、土器などの容器を作り、それを使って調理する方法を知らねばなりません。こんなことは、離乳したからと言って、すぐにできることではないのです。ヒトの「子ども」は、エネルギー的、栄養的に、決して独立してはいません。

そこで、ヒトの子どもが生きていくには、離乳したあともかなり長い間にわたって、おとなから子どもへのエネルギーの流入が必要です。ヒトの「子ども」は、まだまだ決して独立して生きていくことはできないのです。こんな哺乳類は、ほかに

食物の種類	野生チンパンジー	ヒト（狩猟採集民）
単なる採集	91.1〜99.1%	0.6〜20%
抽出	0 〜 6.4	20.3〜63.4
狩猟	0.9〜 2.5	26 〜78

【表5-2】 チンパンジーとヒトの食物の獲得方法別内容割合
チンパンジーのデータは、採食時間に占める割合、ヒトのデータは獲得カロリーに占める割合で表示

ありません。チンパンジーを含めてどんな哺乳類も、赤ん坊の世話はそれなりにたいへんなのですが、一旦離乳したあとは、栄養でも移動でも独立します。ヒトでは、それが無理なのです。

なぜ無理なのかと言えば、おとなのやっている生活があまりにも複雑だからです。

表5－2は、**表3－1**（九五頁参照）と同じ資料から作ったものですが、チンパンジーと狩猟採集民のヒトが得ている食物のうち、単純にそこにあるものを採集しただけのもの、何らかの道具や技術を使って抽出せねばならないもの、狩猟で得るもの、それぞれの占める割合を計算してみました。ここから明らかなとおり、チンパンジーの食物の大部分は、ただ手から口へと運べばよいものであるのに対し（**図5－7**）、ヒ

トの食物の大部分は、なんらかの工夫や技術があって初めて得られるものです。チンパンジーの狩猟は、武器などは使わずに素手で捕りますが、ヒトの狩猟には、弓矢、槍、落とし穴、釣り針、銛など、さまざまな高度な技術が使われています。植物性食物の採集でも、ヒトは、地下深くにある根茎やイモ類を、掘棒などの道具を使って掘り出す、そのままでは食べられない種子などをあく抜きするなど、手のかかる細工を施して採集しています。

このような複雑なおとなの生活を支える技術を完全に習得して一人前になるには、長い年月を必要とします。それはまた、単に槍の使い方が上手になるというような技術的なことだけではありません。自然界全体に関する知識の習得や、他者との社会関係の結び方や利害対立の調整の仕方などを含めた、社会的知識の習得も重要です。そして、周囲の人々と信頼関係を築き、いろいろな責任を果たせるようになって初めて、一人前になるのです。

脳が大きくなって、おとなが高度な認知能力を身につけたのは、適応的なことなのでした。しかし、そのような高度なおとなの技術を習得するためには長い期間が必要であり、それを習得している間はずっと、誰かに養ってもらわねばならなくな

【図5-7】 イチジクの実をほおばるチンパンジーのオス
タンザニア、マハレ国立公園にて（撮影：長谷川寿一）

りました。もう「赤ん坊」ではないけれど、まだまだおとなに養ってもらわねばならない「子ども」というのは、ヒトに固有の存在なのです（図5－8）。

閉経と「おばあさん」の不思議

生まれてから死ぬまでの時間がどのように配分されているか、からだの大きさがどれほどで、どのように成長するか、繁殖はどのように行うかなど、動物の一生のスケジュールのあり方を、生活史戦略と呼びます。からだが小さい動物は、概して一生が早く進んで寿命が短く、からだの大きい動物は、概して一生がゆっくり進み、寿命が長いというような関係があります。

前述のような、「赤ん坊」、「子ども」、「おとな」という成長段階がどのように配分されているかは生活史戦略の問題であり、離乳は終わったものの、栄養の面でまだ長くおとなに依存するヒトの「子ども」という段階は、哺乳類の生活史の中では特殊なものと言えます。

ヒトの生活史戦略には、もう一つ、変わったところがあります。それは、「おば

【図5-8】 東アフリカ、タンザニアのトングェ族の子どもたち
タンザニア、マハレ国立公園にて（撮影：長谷川寿一）

あさん」の存在です。おばあさんがなぜ変わっているかというと、繁殖力がもうないにもかかわらず、元気で生き続けているからです。これは、動物一般から見れば奇跡的なことであり、進化的には実に不思議なことです。ほとんどの動物は、繁殖ができなくなったあと、しばらくして寿命が尽きるのであり、繁殖終了年齢と寿命とはほぼ一致するものなのです。ヒトは、哺乳類の中ではからだが大きいほうなので、寿命が長いこと自体にそれほど不思議はありません。しかし、ヒトの女性では、寿命が尽きるよりもずっと前に閉経があり、そこで繁殖の可能性がまったくなくなるという点が不思議なのです。

ヒトの女性は、まだ胎児のときに猛烈な勢いで生殖細胞を作っていき、生まれる少し前には、なんと七〇〇万個もの生殖細胞を蓄えています。これらはまだ卵細胞にはなっていません。ところが、ここでもうすでに、用意された生殖細胞の崩壊と吸収が始まります。そして、生まれてくるころには、生殖細胞の数はおよそ一〇〇万個になり、思春期までにはおよそ二五万個に減ってしまいます。

思春期になると、これらの生殖細胞のもとが減数分裂をして、本当の卵細胞になります。月経周期ごとに数個の細胞が減数分裂を開始するのですが、ちゃんとその過程をまっとうして最終的に排卵されるのは、毎月一個となります。その間にも生殖細胞はどんどん衰退し、時間で見れば、ほぼ四分に一個というすごい速度でなくなっていきます。女性が四〇歳を過ぎると、この衰退の速度はさらに速くなり、五〇歳になるころには、卵の供給がほぼ底を尽きます。そうなると、卵巣からのホルモンの分泌が停止します。これが閉経です。

女性の繁殖能力は、このようにかなり急速に衰退していくのですが、からだの他の機能はそれほどではありません。**図5－9**を見てみましょう。年齢とともに基礎代謝量は下がり、肺活量も減ってはいきますが、その減少のしかたは、繁殖能力の衰退よりはずっとゆるやかなのです。つまり、女性の繁殖能力は、寿命に比べてずっと早く失われるようにできています。逆に言えば、ヒトの女性は、繁殖能力がなくなったあとも、かなり元気な体力を維持し続けるということです。

「おじいさん」も長生きしますが、「おじいさん」の存在は、「おばあさん」の存在ほど不思議ではありません。なぜなら、男性の繁殖能力は年齢とともに下降はするものの、女性の閉経のように、ある時を境に、以後はまったく繁殖の可能性がなくなるということではないからです（**図5－10**）。繁殖する可能性がわずかでも残されていれば、個体が生き続けることに、生物学的な不思議はありません。

ヒトの女性が閉経後も元気に生き続けるのは、最近になって医療が発達してきたからではないか、と思われるかもしれません。平均寿命がどんどん延びているなどということを聞くと、そういう感じがするでしょう。しかし、どうも違うようです。「平均寿命」という言葉で表されるのは「平均期待余命」で、生まれたばかりの赤ん坊が、平均すれば何年生きられる見込みかということを表したものです。この数字は、乳幼児死亡率が高い場合には非常に短くなります。そこで、抗生物質の発達などにより、若いころの死亡率が下がれば、平均寿命は劇的に延びます。しかし、昔から、長生きする人はいました。一旦おとなになるまで生き延びられた人の寿命は、昔から長かったのです。

それは、先進国のような医療や社会福祉の恩恵を受けていない狩猟採集民を見ても明らかです。狩猟採集民の乳幼児死亡率は、先進国のそれよりもずっと高いのですが、彼らの中にも、閉経後の「おばあさん」は一定の割合で必ず存在します。

一方、ヒトにもっとも近縁なチンパンジーの雌を見ると、繁殖終了後にも生き続けている個体はほとんどいません。逆に言うと、チンパンジーの雌は、死ぬ直前ま

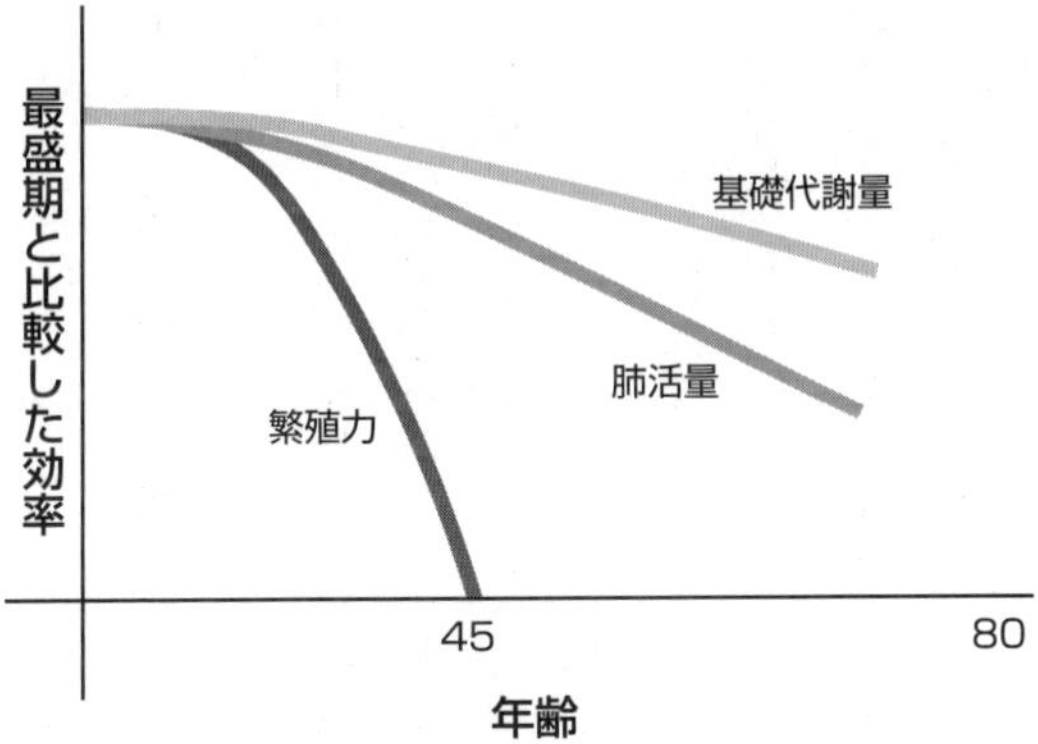

【図5-9】　女性の諸機能の加齢による変化

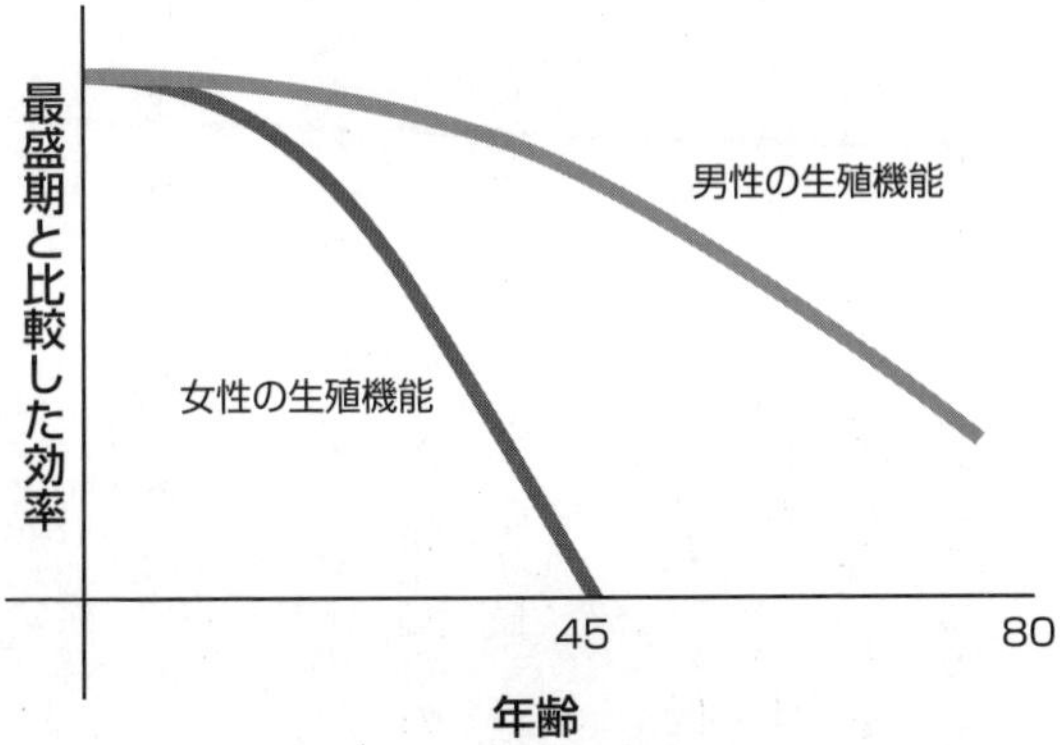

【図5-10】　男性と女性の生殖機能の加齢による変化

で繁殖しています。明らかに繁殖は終了しているのに、延々と生き続けているというおばあさんは、チンパンジーにはいないようです。

ヒトの共同繁殖と「おばあさん仮説」

こうしてみると、繁殖終了後の人生がかなり長くあることが、ヒトの生活史戦略のもう一つの特徴であることがわかります。なぜこんなことが進化したのでしょうか？　なぜ、ヒトの女性のからだの機能は、繁殖終了後にもかなり長く維持されるのでしょう？

アメリカの人類学者のクリスティン・ホークスたちは、「おばあさん仮説」と呼ばれる説明を考えました。それは、自らはもう繁殖をしないけれども、十分に元気なおばあさんが、自分の娘の子ども（つまり孫）や、親族の子どもたちを世話することにより、孫たちの生存率が向上するという利点があったからではないか、ということです。

先にも述べたように、ヒトの妊娠と出産と子育てにはたいへんな労力がかかります。それは、おそらく、母親一人でできることではありません。世界中のどこの社会、歴史上のどんな社会を見ても、母親が一人で子育てするのが当たり前である社会は存在しません。ヒトの子育ては長くかかる仕事であり、必ずや母親以外の個体の助力が必要です。ヒトは共同繁殖する動物なのです。

そこで、自らはもう繁殖をしなくなった「おばあさん」が娘の繁殖を助ければ、孫の数は増えるはずです。いくら女性の寿命が長くて元気でも、最後まで繁殖していたのでは、やはり自分の子どものことだけで手一杯で、孫のめんどうまでは見られないでしょう。女性が死ぬ直前まで繁殖を続け、自分の子どもだけ育てること（戦略A）と、途中で閉経になって自らの繁殖は辞め、あとの余力を次世代の子育ての援助に向けること（戦略B）とを比べると、後者のほうが、最終的には残る子孫の数が増えた、つまり適応的だった、というのが、「おばあさん仮説」です。

チンパンジーには閉経はなく、最後まで繁殖しています。野生でもっとも長生きした記録を持つチンパンジーは、タンザニアのゴンベ国立公園に住んでいたフローという名の雌でした。彼女は、推定三三歳でフリントという子どもを産み、推定四〇歳で最後の子どもを産み、推定四二歳で死にました。最後の子どもであるフレームは生き残れませんでした。これは、野生のチンパンジーの中では例外的な長生きの個体ですが、大事なのは、フローが最後まで自ら繁殖していたということです。これは、先に述べた戦略Aです。ヒトは、戦略Bです。

そこで、チンパンジーとヒトの狩猟採集民との生活史のパラメータを比較してみましょう（表5－3）。ヒトのほうが成体の体重が重く、脳が大きくて子育てもたいへんであるにもかかわらず、ヒトのほうがチンパンジーよりも、かえって離乳年齢が早く、出産間隔が短く、最終的な年間雌生産数も、ほぼ二倍に近く増えているのです。これはまさに、ヒトの女性が早めに自らの繁殖を辞めて次世代の子育て援助にまわる、戦略Bのおかげではないか、というのが「おばあさん仮説」です。

この仮説を最初に提出したホークスたちは、タンザニアに住む狩猟採集民であるハッザの人々を対象に、おばあさんがいる場合といない場合、つまり、自分自身の母親が生きている場合とそうでない場合とで、その女性の持つ子どもの生存率や健康の度合いに影響があるかどうか、おばあさんが実際にどれだけ子育てに貢献しているのか、を調べました。その結果、ハッザの人々では、おばあさんが獲得してくる食物の量はたいへんに多く、おばあさんがいる子どもの健康も生存率も高いこと

パラメータ	野生チンパンジー	ヒト（狩猟採集民）
雌の体重（kg）	33	45
平均寿命	17.9歳	32.9歳
離乳年齢	4.5歳	3.5歳
出産間隔	5年	3–4年
繁殖終了年齢	33歳	45歳
潜在最長寿命	55歳	100歳
年間平均雌生産数	0.082	0.142

【表5-3】　チンパンジーとヒトの生活史パラメータの違い

がわかったのでした。

その後、二〇世紀初頭のフィンランドの農村でも、当時の出生と死亡の記録を調べたところが、おばあさんが生きている場合のほうが、いない場合よりも、女性の初産年齢が低く、残す子どもの数も多いことがわかりました。日本の社会でこれと同じような研究は行われていませんが、子どもを育てている女性なら誰でも、自分の母親からの助力がいかに重要であるかは実感しているに違いありません。

先に述べた戦略Aと戦略Bとで、進化的にみてどちらが本当に適応的なのか、本当に適応的だったからヒトの女性に閉経が進化したのかは、まだ議論が続いています。それでも、「おばあさん仮説」は、ヒトの人生を考えるときの有力な仮説であり続けるでしょう。

ヒトにおける相互扶助

ヒトは脳が大きく、おとなが複雑な生活を営んでいます。それはそれで適応的なのですが、そのような複雑な仕事ができるおとなになるまで育て上げる仕事は、これも並大抵のことではありません。ヒトの子育ては、他のどんな動物とも比べものにならないほど長く続く大仕事です。前項では「おばあさん仮説」を紹介しました。これは、子育てにおけるおばあさんの貢献の大きさに着目し、ヒトの女性の閉経の進化を説明しようとした仮説です。しかし、ヒトの子育てには、父親、おばあさん以外の親族、母親の友人、隣人など、多くの個体がかかわっています。ヒトは、共同繁殖なのです。

しかし、子育てだけにとどまりません。ヒトは、生活のありとあらゆるレベルにおいて相互扶助と共同作業によって暮らしています。個人は決して独立に暮らしているのではありません。これほどの分業、相互扶助、共同作業によって生きている動物はいないでしょう。

図5－11は、ヒトの狩猟採集民の男性が、自分自身で消費する食物のカロリーと、狩猟などで自分が獲得してくる食物のカロリーとを、年齢によって比較したグラフです。獲得量が消費量を上回っているとき、その余剰分は、他の人たちにまわされています。逆に消費量が獲得量を上回っていれば、誰かに食べさせてもらっていることになります。図から明らかなとおり、男性の食物獲得能力は、はじめは低いの

ですが、二〇代前半から急激に伸び、四〇代の後半までは多くの余剰を生み出しています。その後、また急速に獲得量は減っていきます。

一方、女性を見てみると（図5−12）、女性が自分の食べる分を越えて余剰生産するようになるのは、実に、繁殖を終えてからあとなのです。子どものころは食物獲得能力が低いので、誰かに食べさせてもらわねばなりませんが、自分自身が繁殖を始めると、子育てがたいへんであるがゆえに、なかなか余剰生産にまでいかないのです。

チンパンジーでも同じようなグラフを書いてみると、離乳前の赤ん坊が、栄養を母親に頼っていることを除いて、自分の消費量と獲得量とは、雄でも雌でもほぼ一致しています。つまり、離乳したあとのチンパンジーはみな、独立しているのです。おとなの雄がサル類などを狩ったときには、他の個体に肉が分配されることがありますが、このような、他個体へのエネルギーの流れが、彼らの生活の日常ではありません。しかし、ヒトでは、食物の分配は日常の必須の作業であり、それは、親から子、夫と妻といった家族の中だけにとどまるものでもないのです。

先に述べたように、ヒトは、複雑な技術を利用して食物を獲得するようになりま

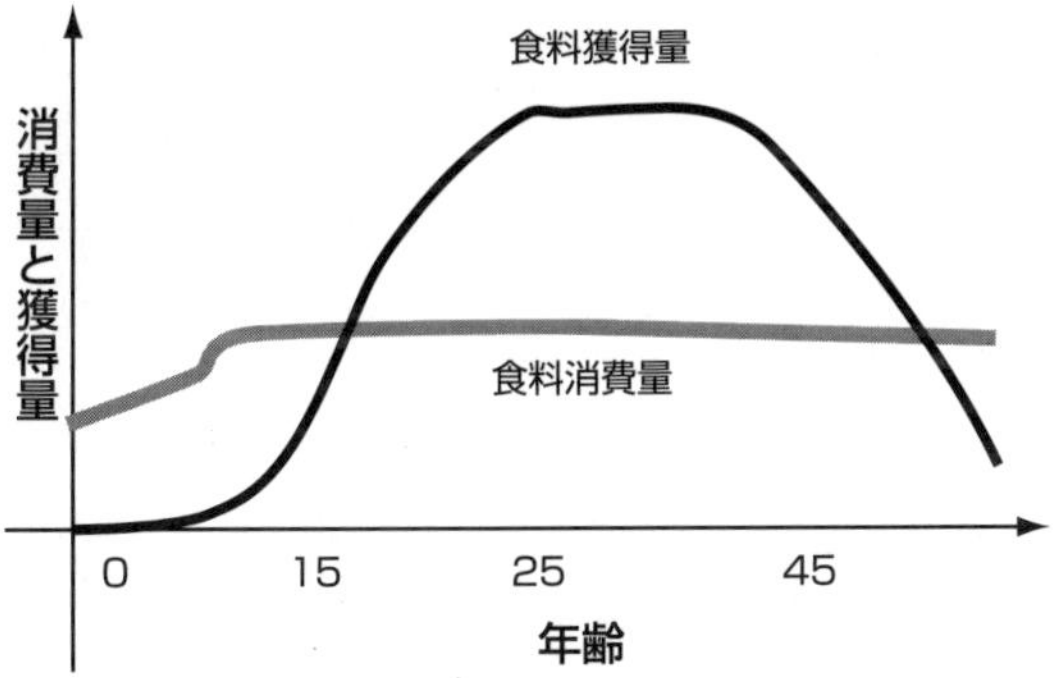

【図5-11】　男性の年齢と消費カロリー、獲得カロリー量

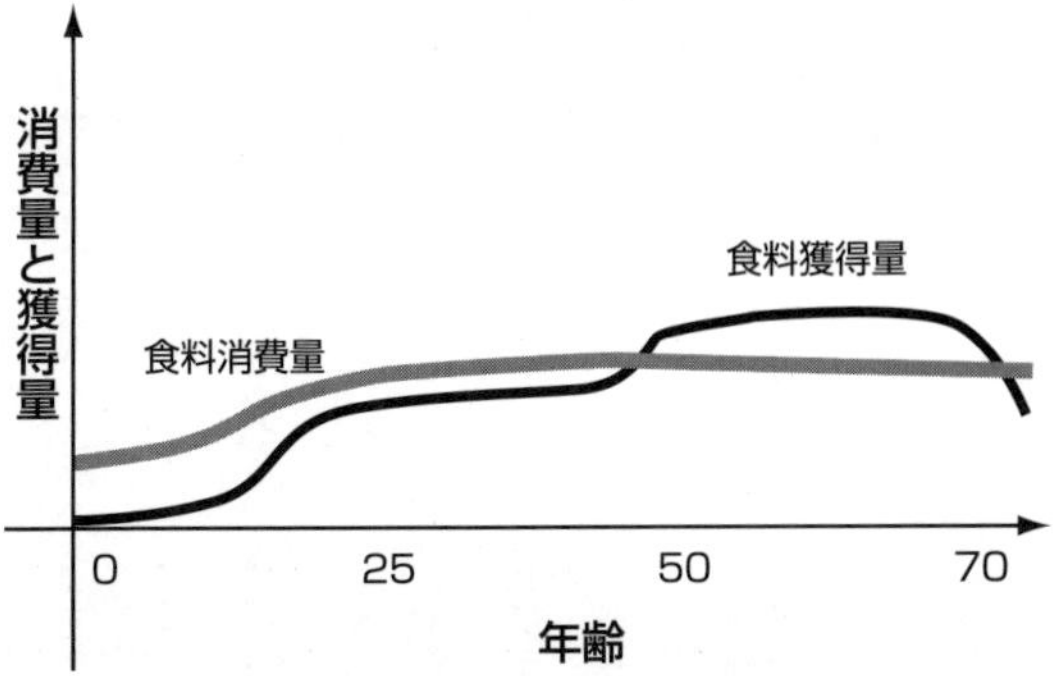

【図5-12】　女性の年齢と消費カロリー、獲得カロリー量
Kaplan, Hill, Lancaster and Hurtado (2000)より作成。

した。その技術は、さまざまな道具の製作と使用、火の使用など多岐にわたります。それらを作って使う技術は洗練されたものであり、その習得には、おとなから子どもへの積極的な教育が必要です。また、ヒトのおとなどうしは、さまざまな知識を共有し、互いに信頼関係を築いて、共同作業をし、分業をしています。このような社会的ネットワークを築き上げるには、社会的なスキルが必要です。ヒトは、これも、おとなから子どもへと積極的に教育しています。つまり、ヒトのおとなの生活は、複雑な社会的ネットワークによって初めて成り立っており、子どもを育てるということは、この社会的ネットワークの一つの輪になれるように育てていくということです。そして、その作業自体も、社会的ネットワークによって成されていくのです。

最近は、おもに少子化対策を念頭に、「地域全体による子育て支援」といったことが叫ばれていますが、進化的に見ればそれは当然のことでしょう。子育てを核家族の中だけに限定し、母親が育てることばかりに目を向けていたことこそが、誤りなのです。

ところで、**図5-11**を見ると、中年以降の男性は、食料獲得量よりも消費量のほうが多いので、他者に養ってもらっていることになります。それに対して、二〇代から四〇代の男性の余剰生産は目を見張るほど多くあります。しかし、これは、実際の獲得量だけの数字であり、この年代の男性がこれだけの余剰生産をあげられるのは、上の世代の男性からの教育、伝承があるからこそです。彼らも、そのような文化的伝承なしに、ただ若いからといって独力でこんな生産力をあげているのではありません。

それは、女性に関しても同じです。男性が狩猟で取ってくる獲物は、一度取れるとたいへん重要なエネルギー源であり、みんながそれによって恩恵をこうむるのですが、狩猟の難点は、いつ取れるのか予測が立たないことです。取れれば大きいけれども、取れないときは何週間も捕れません。そこで、毎日の最低限を支えているのは、女性が採集してくる植物性食物です。それが男性たちにも分配されることにより、男性は「大物ねらい」に賭けることができるのです。

狩猟採集生活は、食料を蓄積することがなく、定住もしない、比較的単純な生業形態です。それでも、ヒトはこれほど複雑な暮らしをしており、そこで使われるさまざまな技術は多岐にわたります。人々は、一応、何でも自分でこなさねばなりませんが、食料獲得、道具の製作、子育てなど、いろいろなことを分業で行い、互いに支え合っています。

農耕、牧畜の開始以後、文明が興り、都市ができ、産業が発達し、科学技術が進むと、人々の暮らしはますます複雑になり、分業化がすすみました。そこに貨幣というものが導入されると、お金で何かを買うという行為が当たり前になります。そうすると、人間はお互いに分業によって支え合っているのだという意識が薄くなったかもしれません。でも、なぜ自分がお金を稼げるのか、働くとは何なのかを考えてみると、それは社会的ネットワークの一員として、この社会がうまく機能し、次世代を育てていく仕事の一旦を担っているということなのです。

女性が子どもを産むのは、生物学的な繁殖の基本です。しかし、ヒトという生物は決して個人が独力で暮らせる動物ではなく、ヒトの子育ては授乳では終わりません。「子育て」というよりは、「次世代育成」と言ったほうがふさわしい、大がかりな作業なのです。このことを考えれば、少子化対策は、狭い意味での「子育て」支援だけでなく、おとなが社会を形成して働いているということの全体にかかわる共同作業なのだという観点から考えていくべきでしょう。

あとがき

病気と健康ということについて、進化の視点から考えようというのは、比較的最近になって出てきた研究アプローチです。これまで、医学は、病気を治すという応用科学として、あらゆる知見を総動員して人々を健康にしようとしてきましたが、「そもそも、なぜ病気という事態があるのか?」という疑問には触れませんでした。そこから考えてみようというのが、進化医学、ダーウィン医学と呼ばれる新しい分野です。本書では、その一端について解説してみました。でも、単に病気の話ばかりでなく、ヒトという生物の生き方、暮らし方全般について、進化の視点から見えてくることを示そうと思いました。

もう何年も前、進化医学の考えが最初に現れ始めたころ、友人にその話をしたら、「それは、優生学みたいなことなの?」と聞かれたことを覚えています。とんでもありません。本書をお読みになればおわかりと思いますが、進化医学は優生学、優生主義とはなんの関係もありません。

優生主義とは、個々の人間が持っている「好ましくない」遺伝形質を取り除き、「好ましい」遺伝形質を持っている人々の繁殖を奨励することにより、人類全体の遺伝的資質を向上させようという考え方です。そのための学問や研究を、優生学と呼びます。優生主義は一九世紀後半から二〇世紀初頭にかけて世界中で大流行し、日本にもその考えが浸透しました。しかし、優生主義は、個人の人権を無視した全体主義的考えであり、ナチス・ドイツがそれを押し進めて悲惨な事態を招いたことから、世界はその誤りを知りました。

優生主義は二つの点で決定的に間違っていました。一つは、人類にとって「好ましい」遺伝形質、「好ましくない」遺伝形質などというものが存在し、「好ましくない」遺伝形質を人間が取り除けると思ったことです。第一、「誰にとって」、「どういう意味で」好ましいのか、好ましくないのか、これすら簡単に決められることではありません。百歩譲ってそういうことが単純に決められたとしても、その性質が遺伝子型と一対一対応していて、それさえ取り除けばあとはバラ色、というようには、実はできていないのです。

本書でも示しましたように、生物のからだは進化の長い歴史の果てにできあがったものですから、あちこちに妥協もあれば、必ずしも最適にできているわけでもありません。何かよいことがあっても、その副産物で悪い効果がついてくる場合もあります。逆に言えば、副産物が悪いからといって、それを取り除いてしまうと、良い方の側面もなくなってしまうことが多々あります。

遺伝子の働きがよりよくわかるようになり、最終産物としての性質ができあがるまでに、どのように遺伝子と環境、また、異なる遺伝子どうしが複雑に相互作用しているのかがわかるようになった今、「好ましくない」遺伝子を取り除けばよいなどと、単純に断じるのは危険なことです。なんと言っても、優生主義は、遺伝に関する知識が未熟で中途半端であった時代の産物でした。

優生主義のもう一つの誤りは、「人類全体の幸福のため」と称して、個人の人権を踏みにじり、他人を操作してもよいと考えたことです。これも、人権という概念が未熟だったころの遺物だからでしょう。「人類全体」とは誰のことか、「人類全体のために好ましい」ということを決めるのは誰なのか、多数決でいいのか、この議論は破綻してしまいます。いまだかつて人類は、どんな独裁体制下の奴隷に対してといえども、他者の繁殖を完全にコントロールできたことはありませんでした。今後も、それはないでしょう。

また、本書の第一章で説明しました自然淘汰による進化は、「人類全体の幸福のために」働いているのではありません。自然淘汰は、次の世代へとうまく生き延びて繁殖できる性質が集団中に広まっていくことです。要は、生物の一匹一匹がどれだけ子どもを残し、その子どもたちがどれだけ生き延びて、またどれだけ子どもを残すか、ということの繰り返しです。その集団全体がどうなるかは、別に関係ないのです。そうやって各個体が子どもを残し、よりうまく環境に適応するようになった結果、集団全体としてみても、うまく適応しているように見えます。しかし、それは、そもそも「集団にとっての利益」があったからではありません。それぞれの個体がうまくやれたからなのです。そして、本書でも何度か述べましたように、自然淘汰は初めから目的をもって「よりよい生物」を作ろうなどというようには働いていないのです。

第五章で書きましたが、受精卵の多くは遺伝的欠陥を備えており、早期に流産されてしまいます。そして、ｈＣＧその他を十分に分泌し続けることのできた胎児だけが出産までこぎつけられることを述べました。これは、妊娠初期の受精卵に対し、かなり強い自然淘汰が働いていることを示しています。

さて、そのような妊娠初期の自然淘汰をくぐり抜けても、いろいろな奇形や疾患を持った赤ん坊が実際には生まれてきます。そのような、自力で出産にまでこぎつけることのできる胎児を、奇形や疾患を理由に中絶してもよいかどうか、これは、進化生物学の問題としてではなく、考えて決断するべき問題です。母親の負担と将来の可能性をどう評価するか、赤ん坊の命と将来の可能性をどう評価するか、それは、生物学では答えの出ないことです。

ヒトは、第五章で書きましたように、脳が大きく、複雑な分業体制で相互扶助する社会を作っています。私たちの大きな脳は、将来を予測し、因果関係を推定することができるので、全体像を見て将来計画を立てることができます。そこで、その場その場で刹那的に働く自然淘汰の働きを超えて、「人類全体のため」などという目標設定をすることもできるようになりました。

しかし、大きな目標を立てて計画を実行しようとすると、ものごとに優先順位をつけなくてはいけません。その優先順位は、さまざまな利害を勘案して決めます。

そのとき、人々の間で利害の対立、考え方の違いが生じます。ここでも人間は、抽象的な思考能力のみならず、他者の心を読み、他者の身になって考え、感じる能力をも発達させてきました。ですから、他の命の尊さや、不利な立場にある他者の気持ちをおもんぱかることもできるのです。

自然にまかせておいたら死んでしまうかもしれない人々を、医学は一生懸命救ってきました。それは、自然淘汰が働くのを阻止していることでもあります。これは、おかしなことをしているのでしょうか？　でも、他者の気持ちを理解し、他者に共感する能力は、人間が進化によって身につけたものです。ヒトは、不幸な他者をほうっておくことはできない動物なのです。

進化医学は、ヒトのからだがどう作られてきたかを解明します。そうすると、どうして不具合が生じるのかがわかり、どうすれば不具合を回避できるのかの方策も、ある程度はわかります。しかし、どう生きるのが「よい生き方」なのかという問いは、これは究極的には個人の価値観の問題です。進化の知識は、それを決める材料を提供してはくれますが、答えそのものを提供することはできません。

本書が、そんなことを考えるための一つの糧になれば幸いです。

主要参考文献

『人はなぜ病気になるのか——進化医学の視点』井村裕夫著、岩波書店、二〇〇〇
『病気はなぜ、あるのか——進化医学による新しい理解』ランドルフ・M・ネシー、ジョージ・C・ウィリアムズ著、長谷川眞理子、長谷川寿一、青木千里訳、新曜社、二〇〇一
『生物はなぜ進化するのか』ジョージ・C・ウィリアムズ著、長谷川眞理子訳、草思社、一九九八
『進化と人間行動』長谷川寿一、長谷川眞理子著、東大出版会、二〇〇〇

プロフィール

長谷川眞理子（はせがわ　まりこ）

総合研究大学院大学教授。1976年東京大学理学部生物学科卒業。83年同大学院理学系研究科博士課程修了。理学博士。早稲田大学政治経済学部教授を経て現職。進化生物学専攻。著書に『クジャクの雄はなぜ美しい？』（紀伊國屋書店）、『進化生物学への道』（岩波書店）、『ダーウィンの足跡を訪ねて』（集英社）、編著書に『ヒト、この不思議な生き物はどこから来たのか』（ウェッジ）、訳書に『人間はどこまでチンパンジーか』（新曜社）他多数。

ウェッジ選書　27

ヒトはなぜ病気になるのか

2007年5月24日　第1刷発行

【著　者】…………………… 長谷川眞理子

【発行者】…………………… 松本 怜子

【発行所】…………………… 株式会社ウェッジ
〒101-0047
東京都千代田区内神田1-13-7　四国ビル6階
電話：03-5280-0528　FAX：03-5217-2661
http://www.wedge.co.jp　振替 00160-2-410636

【装丁・本文デザイン】…… 関原直子

【DTP組版】…………… 株式会社リリーフ・システムズ

【印刷・製本所】………… 図書印刷株式会社

※定価はカバーに表示してあります。ISBN978-4-86310-000-8 C0345
※ 乱丁本・落丁本は小社にてお取り替えします。

ウェッジ選書

1 人生に座標軸を持て
松井孝典・三枝成彰・葛西敬之【共著】

2 地球温暖化の真実
住 明正【著】

3 遺伝子情報は人類に何を問うか
柳川弘志【著】

4 地球人口100億の世紀
大塚柳太郎・鬼頭 宏【共著】

5 免疫、その驚異のメカニズム
谷口 克【著】

6 中国全球化が世界を揺るがす
国分良成【編著】

7 緑色はホントに目にいいの?
深見輝明【著】

8 中西進と歩く万葉の大和路
中西 進【著】

9 西行と兼好——乱世を生きる知恵
小松和彦・松永伍一・久保田淳ほか【共著】

10 世界経済は危機を乗り越えるか
川勝平太【編著】

11 ヒト、この不思議な生き物はどこから来たのか
長谷川眞理子【編著】

12 菅原道真——詩人の運命
藤原克己【著】

13 ひとりひとりが築く新しい社会システム
加藤秀樹【編著】

14 〈食〉は病んでいるか——揺らぐ生存の条件
鷲田清一【編著】

15 脳はここまで解明された
合原一幸【編著】

16 宇宙はこうして誕生した
佐藤勝彦【編著】

17 万葉を旅する
中西 進【著】

18 巨大災害の時代を生き抜く
安田喜憲【編著】

19 西條八十と昭和の時代
筒井清忠【編著】

20 地球環境 危機からの脱出
レスター・ブラウンほか【共著】

21 宇宙で地球はたった一つの存在か
松井孝典【編著】

22 役行者と修験道——宗教はどこに始まったのか
久保田展弘【著】

23 病いに挑戦する先端医学
谷口 克【編著】

24 東京駅はこうして誕生した
林 章【著】

25 ゲノムはここまで解明された
斎藤成也【編著】

26 映画と写真は都市をどう描いたか
高橋世織【編著】